城市地下综合管廊
技术创新与管理实践

曾国华　欧阳康淼　安志强　韩宝江　编著

清華大學出版社

北京

内 容 简 介

本书全面介绍了城市地下综合管廊工程规划技术、工程设计创新与优化、建造管理、运营维护管理、安全管理、发展趋势等。

本书基于编著者多年来综合管廊规划建设实践经验以及创新研究成果,从综合管廊的建设背景、发展形势、标准体系等入手,重点总结了综合管廊在规划设计、建造、运营管理等全生命周期的创新成果,展望了综合管廊的未来发展趋势,提出了管廊的可持续健康发展相关建议,力求为综合管廊从业者提供一本综合管廊工程创新发展指南,为现阶段我国综合管廊行业技术高速发展提供支撑。

本书可供综合管廊相关领域的科研人员、专业技术人员和相关行政管理部门参考,也可作为相关专业大专院校师生的教学参考用书。

图书在版编目(CIP)数据

城市地下综合管廊技术创新与管理实践/曾国华等编著. —北京:清华大学出版社,2023.7
ISBN 978-7-302-59685-1

Ⅰ. ①城… Ⅱ. ①曾… Ⅲ. ①市政工程—地下管道—管道工程 Ⅳ. ①TU990.3

中国版本图书馆 CIP 数据核字(2021)第 263035 号

责任编辑:秦　娜　刘一琳
封面设计:陈国熙
责任校对:赵丽敏
责任印制:刘海龙

出版发行:清华大学出版社
　　　　　网　　　址:http://www.tup.com.cn,http://www.wqbook.com
　　　　　地　　　址:北京清华大学学研大厦 A 座　　邮　　编:100084
　　　　　社 总 机:010-83470000　　邮　　购:010-62786544
　　　　　投稿与读者服务:010-62776969,c-service@tup.tsinghua.edu.cn
　　　　　质量反馈:010-62772015,zhiliang@tup.tsinghua.edu.cn
印 装 者:三河市君旺印务有限公司
经　　销:全国新华书店
开　　本:185mm×260mm　　**印　张:**10.25　　　　**字　　数:**245 千字
版　　次:2023 年 7 月第 1 版　　　　　　　　　**印　　次:**2023 年 7 月第 1 次印刷
定　　价:88.00 元

产品编号:087098-01

前　言

随着我国城市化进程的快速推进,城市地下空间立体化集约开发成为解决交通拥堵、环境恶化、城市内涝等问题的重要载体。城市综合管廊作为实现地下空间可持续利用的最有效方式,综合效益显著,是推动城市现代化、科技化、集约化、韧性化的重要举措。2015 年 8 月我国印发《国务院办公厅关于推进城市地下综合管廊建设的指导意见》,综合管廊建设进入快速规模化发展阶段。

正是在管廊规模化发展的背景下,作为推动北京市综合管廊高质量发展的引领者与创新实践者,作者一直坚持"工程实践"与"科技创新"相融合、促进,累计推进了国家级及省部级科研课题 14 项,形成了发明专利、软件著作等知识产权近 20 项;累计承担了综合管廊国家标准、地方标准、行业标准 30 余项,承担了近 80%北京市综合管廊地方标准编制工作,填补了多项标准空白,相关成果获得了北京市科技进步二等奖等多项科技奖励。基于创新成果打造了冬奥会管廊、世园会管廊、大兴高速公路管廊、7 号线东延管廊、3 号线一期管廊等综合管廊精品工程,积累了丰富的实践与创新经验,为综合管廊标准化、集约化、绿色化、智慧化发展奠定了基础。

正是怀着持续推动综合管廊行业高质量、可持续发展的初心,作者系统总结了北京市综合管廊建设过程中的创新成果与实践经验,贯穿综合管廊建设全生命周期的各个阶段,包括规划技术、工程设计、建造技术、运营维护管理、发展趋势等五大部分,涵盖综合管廊规划创新、设计集约优化、智能建造实践、施工技术创新、精细化及智能化运维、安全管理信息化等创新与实践有关内容,并进一步展望综合管廊发展趋势,力求为综合管廊创新发展提供技术支撑。

本书由北京京投城市管廊投资有限公司组织编写,北京市市政工程设计研究总院有限公司、北京城建设计研究院有限公司、中铁工程设计咨询集团有限公司、中铁电气化局集团有限公司、北京市水利规划设计研究院、北京市政路桥股份有限公司、中铁十四局集团有限公司、中铁十八局集团有限公司等单位参与编写,并得到国家自然科学基金项目(52090084)、北京市科技计划项目(Z201100008220009)资助,在此一并表示衷心感谢。本书在编写过程中得到北京京投城市管廊投资有限公司明章义、华东、孙俊康、苏晓再、冯淳等领导的指导与支持,各合作单位的大力支持,以及行业领导、专家、同事的指导和帮助,对他们的辛苦劳动和默默付出表示诚挚的感谢。在此,对参与本书各章节撰写人员进行列表说明。

参与本书各章节撰写人员清单

章 次	撰 写 人 员
1	曾国华、汤志立、李慧颖、侯良洁、马淑军、高彪、刘斌、申莉、于艳良、董骥、冯欣
2	欧阳康森、史金栋、谭富圣、陈达、姜艳红、冯运玲、韩茜、黄子晔、赵京、王军胜、范司晨
3	肖燃,康晓乐、常银宗、赵欣、王雅娟、何奇峰、褚伟鹏、赵生成
4	韩宝江、李志强、王冲、王龙、王建伟、李君伟、花瑞、平少坤、李文波、徐冠群、李虎玉、胡恒千、齐梦学、赵国涛、张鹏、赵腾跃、李凌宜
5	安志强、张建海、林云志、余刚、王磊、张博、刘佳宁、葛义飞、周阳
6	欧阳康森、王综勇、曹鹤韬、马晶晶
7	曾国华、刘文波、冯运玲、陈浩、赵峰、曹蕊、安志尧

本书虽然经过多次审阅、反复修改,力求精益求精,但书中难免有不妥之处,恳请读者批评指正。

作　者

2023 年 5 月 28 日

目　录

第1章 绪　　论

　　根据国家"十四五"发展规划,到 2025 年年末我国常住人口城镇化率将提高到 65％,意味着未来我国的城市规模将继续保持快速扩张趋势。快速的城市化将导致城市对电力、通信、供水、燃气等需求的迅速扩大。随着城市人口的日益增长,城市公共基础设施的承载力也受到越来越严峻的考验。城市快速发展对公共基础设施承载力需求的增加与城市基础设施合理发展速度之间的矛盾日益凸显。

　　随着城市的发展,一方面错综复杂、密度极高的存量地下管网,加剧超期服役管线事故的发生,给城市公共安全带来较大威胁;另一方面,系统完备、高效实用、智能绿色、安全可靠的现代化基础设施体系的打造,加大了对地下市政管网的需求。随着城市地下管线的敷设越来越频繁,由于各类市政管线的埋设深度不同,且存在先后建设时序,地下空间缺乏统一规划及综合利用,致使一些地下市政管线盲目敷设,管线空间的使用率变得低下,给相邻地下管线的增设、扩容带来困难。同时造成道路路面像拉拉链一样反复开挖、修复,这不仅给居民的正常生活造成了不便,也带来了环境、噪声污染以及管线交叉损害、城市交通拥堵、商业利益损失等影响基础设施高质量发展的棘手问题,这些已经成为制约城市高质量发展和环境改善的"瓶颈"。

　　城市综合管廊是建于城市地下、用于容纳两类及以上城市工程管线的构筑物及附属设施。通过将各类市政管线集约有序敷设至综合管廊内,可以有效杜绝在各类管线发生故障时反复开挖道路,节省架空线等占用的地上空间,实现市政管线集约化建设和管理,一次投入、长期受益,改善城市景观,优化城市土地及地下空间布局,提高城市整体运营管理可靠性,从而提高居民生产、生活水平。

　　建设综合管廊是贯彻习近平新时代中国特色社会主义思想,贯彻"创新、协调、绿色、开放、共享"的新发展理念;是城市现状市政管线更新改造的迫切需要;是治理"城市病",提高超大城市综合承载能力和安全保障能力,推进实施城市基础设施"补短板"和"提品质"的主要着力点;是推进城镇建设高质量发展,实现发展方式转变的具体体现;是实现发展方式转变、打造经济发展新动力的重大民生工程;也是解决"马路拉链""空中蜘蛛网"、市政管线事故频发等问题的有效途径。

1.1　综合管廊概述

　　综合管廊在我国亦被称为共同管道、综合管沟,在日本被称为"共同沟",英文译法为 Composite Pipe Line、Utility Tunnel。综合管廊将电力、通信、燃气、给水、热力、排水等两种以上市政管线集中敷设在隧道内,实施统一规划、设计、施工和运行维护。

根据容纳的管线及服务对象的不同,综合管廊性质及结构亦有所不同,大致可分为干线综合管廊、干支结合综合管廊、支线综合管廊、小型综合管廊四类。干线综合管廊用于容纳城市主干工程管线、属于不直接向用户提供服务的综合管廊。干支结合综合管廊用于同时容纳城市主干和配给工程管线,可兼顾向用户提供服务。支线综合管廊是用于容纳城市配给工程管线,直接向用户提供服务的综合管廊。小型综合管廊用于容纳中低压电力电缆、通信线缆、小规模供水或再生水配水管线等,主要服务末端用户,其内部空间可不考虑人员正常通行要求,可不设置消防、照明、通风等设备。各类综合管廊特点对比见表1-1,干线、干支结合、支线及小型综合管廊典型断面如图1-1～图1-3所示,在道路下的典型位置如图1-4所示。

表 1-1　各类综合管廊特点对比

类　　　型	干线综合管廊	干支结合综合管廊	支线综合管廊	小型综合管廊
服务对象	城市各市政设施站(变电站、信号站、调压站、厂站等)	可兼顾向用户提供服务	沿线地块或用户	直接服务末端用户
容纳管线的类型	城市主干工程管线	城市主干和配给工程管线	城市配给工程管线	电力电缆、通信线缆及配水管线
埋深	≥6.5m	5.5～6.5m	5.5～6.5m	1.5～2.5m
附属设施	设置智能化程度较高的通风、排水、消防、供配电、监控等附属系统	设置标准的通风、排水、消防、供配电、监控等附属系统	设置标准的通风、排水、消防、供配电、监控等附属系统	设置简单的照明、排水等附属系统
在道路下的位置	道路中央下方或道路红线外	道路中央下方、绿化带、人行道或非机动车道下	道路绿化带、人行道或非机动车道下	道路的人行道下
结构型式	闭合框架	闭合框架	闭合框架	矩形盖板沟
净高	≥2.4m	2.4m	2.4m	1.2～1.8m

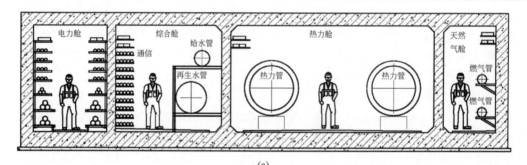

(a)

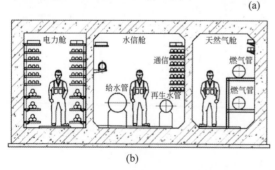

(b)

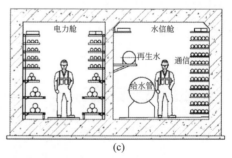

(c)

图 1-1　干线、干支结合综合管廊典型断面

(a)干线综合管廊典型断面(1);(b)干线综合管廊典型断面(2);(c)干支结合综合管廊典型断面

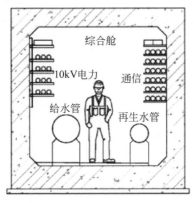

图 1-2 支线综合管廊典型断面

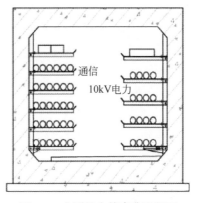

图 1-3 小型综合管廊典型断面

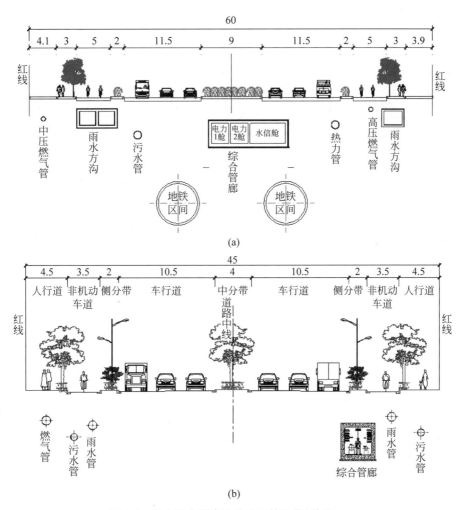

(a)

(b)

图 1-4 各类综合管廊在道路下的位置(单位:m)

(a)干线综合管廊;(b)支线综合管廊;(c)小型综合管廊

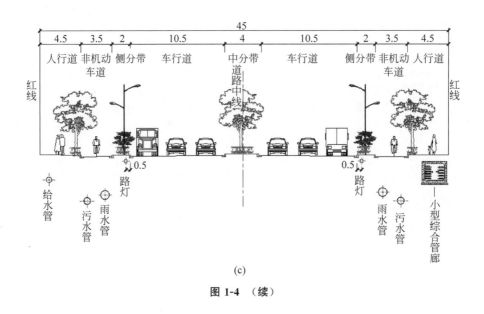

(c)

图 1-4 （续）

1.2　综合管廊建设概况

1.2.1　国外综合管廊建设发展状况

自法国巴黎 1832 年开始建设世界上第一条综合管廊以来,综合管廊建设发展至今已有 180 多年的历史。经过百余年探索、研究、改良和实践,其技术已趋于成熟,在国外发达国家的大城市得到广泛应用。综合管廊是国外发达城市公共管理的重要组成部分,并已成为城市基础设施建设与运营维护管理的现代化象征。在日本,综合管廊因在阪神大地震中表现出独特的抗震优势而得以快速发展,已成为法规完善、规划合理、技术先进、系统完整的典型示范。国外综合管廊建设经验主要有以下几个方面。

(1) 加快立法进程,通过法律制度的完善,把综合管廊建设纳入法制轨道。以立法形式对综合管廊投资、建设、运行管理体制做出规定。依据相关法律和条例,加强不同政府层面和各部门之间的协调合作,明确职能职权界定和程序要求,建立有效的联动和监督机制。

(2) 建立以政府为主导、高效便捷的决策机制。着眼规划的系统性、综合性和前瞻性,强化地上地下空间系统规划,树立城市系统思维,因地制宜统筹管廊建设区域、建设时序。实现地下空间利用科学化和效率最大化,加大对规划方案的评估审查力度,避免地下空间开发建设不同项目间的冲突和矛盾,促进综合管廊的提质增效。

(3) 对地下综合管廊进行系统的规划、建设、运营维护和安全监督,统一管理。开展综合管廊全生命周期系统化、精细化管控,推进综合管廊工程管理精细化发展,将管廊运营维护管理前置到设计阶段,同时强化运营维护阶段对规划设计阶段的逆向指导,打造智慧运营维护平台,实现综合管廊规划、建设、运营维护全过程、全生命周期管理。

(4) 构建综合管廊技术标准体系。加大综合管廊行业标准规范编制力度,以标准规范为质量保障,以先进建设理念为导引,逐步完善综合管廊标准规范体系,有效指导综合管廊规划建设实践。

1.2.2　国内综合管廊相关政策及建设状况

相比国外综合管廊近 200 年的发展历程,我国对综合管廊的研究和实践还处在起步阶段,在投资规模、规划设计、建设技术、资金筹措、管理模式、运营管理等方面与国外存在较大差距。随着 2015 年 8 月我国印发《国务院办公厅关于推进城市地下综合管廊建设的指导意见》,我国综合管廊建设迎来快速规模化发展。根据我国住房和城乡建设部城市建设统计年鉴有关数据,我国综合管廊 2016—2020 年累计建设里程及累计投资金额情况如图 1-5 所示,截至 2020 年年底,全国已建及在建综合管廊达 8841.44km,累计投资金额达 2599.0 亿元。

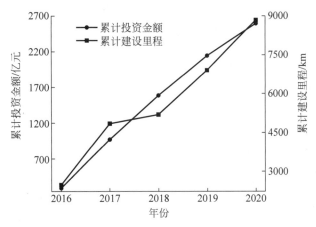

图 1-5　我国综合管廊 2016—2020 年累计建设里程及累计投资金额

1. 国内综合管廊相关政策

综合管廊作为解决城市地下管网问题的有效方式,代表了城市基础设施发展的全新模式和必然方向,其发展前景毋庸置疑。为推进城市地下综合管廊建设,加强城市地下管线建设管理,保障城市安全运行,提高城市综合承载能力和城镇化发展质量,国家从战略层面提出稳步推进城市地下综合管廊建设的目标和要求,制定了一系列政策、标准和法规,旨在推动我国综合管廊高质量建设。截至 2022 年年底,我国政府已发布多项利好综合管廊建设的政策,代表性政策文件如表 1-2 所示。

表 1-2　我国综合管廊建设主要相关政策一览表

序号	发布日期	名　　称	重点内容总结
1	2013 年 9 月 13 日	《国务院关于加强城市基础设施建设的意见》(国发[2013]36 号)	开展城市地下综合管廊试点,用 3 年左右时间,在全国 36 个大中城市全面启动地下综合管廊试点工程;中小城市因地制宜建设一批综合管廊项目。新建道路、城市新区和各类园区地下管网应按照综合管廊模式进行开发建设

序号	发布日期	名　称	重点内容总结
2	2014 年 6 月 14 日	《国务院办公厅关于加强城市地下管线建设管理的指导意见》（国办发［2014］27 号）	稳步推进城市地下综合管廊建设。在 36 个大中城市开展地下综合管廊试点工程,探索投融资、建设维护、定价收费、运营管理等模式,提高综合管廊建设管理水平。通过试点示范效应,带动具备条件的城市结合新区建设、旧城改造、道路新（改、扩）建,在重要地段和管线密集区建设综合管廊
3	2015 年 12 月 26 日	《财政部住房城乡建设部关于开展中央财政支持地下综合管廊试点工作的通知》（财建［2014］839 号）	中央财政对综合管廊试点城市给予专项资金补助
4	2015 年 8 月 10 日	《国务院办公厅关于推进城市地下综合管廊建设的指导意见》（国办发［2015］61 号）	对我国综合管廊建设给出详细指导,提出推进综合管廊建设工作的总体要求,从统筹规划、有序建设、严格管理和支持政策四方面提出十项具体措施,划定了优先建设综合管廊的区域
5	2015 年 11 月 26 日	《国家发展改革委 住房和城乡建设部关于城市地下综合管廊实行有偿使用制度的指导意见》（发改价格［2015］2754 号）	建立综合管廊主要由市场形成价格的机制;明确有偿使用费,包括入廊费和日常维护费
6	2016 年 2 月 6 日	《中共中央 国务院关于进一步加强城市规划建设管理工作的若干意见》（中发［2016］6 号）	城市新区、各类园区、成片开发区域新建道路必须同步建设地下综合管廊,老城区要结合地铁建设、河道治理、道路整治、旧城更新、棚户区改造等,逐步推进地下综合管廊建设
7	2016 年 5 月 26 日	《住房城乡建设部 国家能源局关于推进电力管线纳入城市地下综合管廊的意见》（建城［2016］98 号）	对电力管线入廊提出指导意见:应统筹管廊及电网规划、加强入廊管理、鼓励电网企业参与投资建设运营地下管廊
8	2016 年 8 月 16 日	《住房城乡建设部关于提高城市排水防涝能力推进城市地下综合管廊建设的通知》（建城［2016］174 号）	对城市排涝设施建设、综合管廊与排涝设施合建等提出指导意见
9	2018 年 10 月 31 日	《国务院办公厅关于保持基础设施领域补短板力度的指导意见》（国办发［2018］101 号）	进一步完善基础设施和公共服务,提升基础设施供给质量,更好地发挥有效投资对优化供给结构的关键性作用,保持经济平稳健康发展
10	2018 年 3 月 22 日	《北京市人民政府办公厅关于加强城市地下综合管廊建设管理的实施意见》（京政办发［2018］12 号）	加强北京市地下综合管廊规划、建设和运营管理,集约利用土地和地下空间资源,提高城市综合承载能力,提出北京市综合管廊建设的近远期目标
11	2019 年 11 月 25 日	《住房和城乡建设部 工业和信息化部 国家广播电视总局 国家能源局关于进一步加强城市地下管线建设管理有关工作的通知》（建城［2019］100 号）	有序推进综合管廊系统建设,结合城市发展阶段和城市建设实际需要,科学编制综合管廊建设规划,合理布局干线、支线和缆线管廊有机衔接的管廊系统,因地制宜确定管廊断面类型、建设规模和建设时序,统筹各类管线敷设。中小城市和老城区要重点加强布局紧凑、经济合理的缆线管廊建设

续表

序号	发布日期	名　　称	重点内容总结
12	2019 年 6 月 13 日	《住房和城乡建设部办公厅关于印发〈城市地下综合管廊建设规划技术导则〉的通知》(建办城函〔2019〕363 号)	为提高城市地下综合管廊建设规划编制水平,因地制宜推进城市地下综合管廊建设,对《城市综合管廊工程技术规范》(GB 50838—2015)进行补充和优化
13	2019 年	《北京市发展改革委、北京市财政局关于加强市级政府性投资建设项目成本管控若干规定(试行)》(京发改〔2019〕990 号)	加大综合管廊项目的成本管控力度
14	2020 年 12 月 30 日	《住房和城乡建设部关于加强城市地下市政基础设施建设的指导意见》(建城〔2020〕111 号)	统筹城市地下空间和市政基础设施建设;推广地下空间分层使用,提高地下空间使用效率。城市地下管线(管廊)、地下通道、地下公共停车场、人防等专项规划的编制和实施要有效衔接。合理布局干线、支线和缆线管廊有机衔接的管廊系统,有序推进综合管廊系统建设
15	2022 年 5 月 31 日	《国务院关于印发扎实稳住经济一揽子政策措施的通知》(国发〔2022〕12 号)	因地制宜继续推进城市地下综合管廊建设。指导各地在城市老旧管网改造等工作中协同推进管廊建设,在城市新区根据功能需求积极发展干、支线管廊,合理布局管廊系统,统筹各类管线敷设。加快明确入廊收费政策,多措并举解决投融资受阻问题,推动实施一批具备条件的地下综合管廊项目

2. 国内综合管廊总体建设状况

2013 年以前,我国共 28 个城市有过综合管廊建设经验。自 2015 年我国发布《国务院办公厅关于推进城市地下综合管廊建设的指导意见》(国办发〔2015〕61 号)后,国内综合管廊的建设进入一个新的阶段,建设类型以干线及支线综合管廊为主,受制于立项主体、投资来源、行业管理要求及规范标准等,缆线管廊等小型综合管廊建设较少,处于起步阶段。2015—2016 年,住房和城乡建设部设立两批 25 个试点城市推动综合管廊建设,其中 2015 年我国第一批地下综合管廊试点城市共 10 个,2016 年第二批综合管廊试点城市共 15 个。依据住房和城乡建设部 2020 年 12 月发布的《2019 年城市建设统计年鉴》,截至 2019 年年底,全国规划综合管廊约 8000km,已完成建设并投入使用综合管廊 4680km,2019 年新开工建设综合管廊 2230km。

1) 北京市综合管廊建设状况

北京市早在 1959 年就建成国内真正意义上的第一条综合管廊,全长 1.07km,位于天安门广场下,廊内管线为热力、电力、电信、给水管线等(图 1-6)。1993 年起在高碑店污水处理厂厂区内进行了综合管廊研究,建成的综合管廊断面为 2m×2m~5m×5.3m,全长约5km,廊内管线为给水、再生水、空气管、污泥管、热力、电力管线等(图 1-7)。2000 年在中关村西区进行了综合管廊的研究,建成的管廊干线长度为 2km,支线长 1km,廊内管廊包括给水、电力、热力、燃气、通信等。

2017 年 12 月北京市规划和国土资源委员会和北京市质量技术监督局联合发布了北京

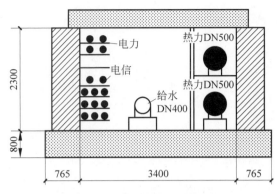

图 1-6   天安门综合管廊断面

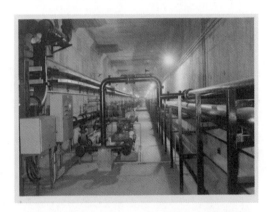

图 1-7   高碑店污水处理厂综合管廊断面

市《城市综合管廊工程设计规范》(DB11/1505—2022),它是在国家标准《城市综合管廊工程技术规范》(GB 50838—2015)的基础上,结合北京市地区特点进行补充和完善,作为北京市综合管廊工程设计的统一标准和技术支撑。2018 年 3 月,《北京市人民政府办公厅关于加强城市地下综合管廊建设管理的实施意见》(京政办发[2018]12 号)(简称《实施意见》)发布,提出把地下综合管廊建设管理作为履行政府职能、完善城市基础设施和提升城市精细化管理水平的重要内容,统筹规划,有序建设,严格管理,为保障城市安全、完善城市功能、美化城市景观、促进城市集约高效发展做出更大贡献。2022 年 3 月 11 日,北京市市政设施规划建设运行联席会议办公室下发《关于印发北京市城市地下综合管廊有偿使用协商参考标准的通知》,形成了北京市城市地下综合管廊有偿使用协商参考标准。

《实施意见》同时提出了北京市综合管廊建设的近远期目标,即到 2020 年,结合城市道路、轨道交通和城市新区建设,建成地下综合管廊 150～200km,反复开挖地面的"马路拉链"现象显著减少,管线运行可靠性和防灾抗灾能力明显提升;到 2035 年,地下综合管廊达到 450km 左右,中心城区地下综合管廊骨干系统和重点区域综合管廊系统初步构建完成,地下综合管廊规模效应进一步显现。《实施意见》中划定了北京市综合管廊建设的重点区域:城市新区、各类园区、成片开发区域要根据功能需求,同步建设地下综合管廊;土地一级开发、棚户区改造、保障性住房建设、老城更新等项目,要因地制宜、统筹安排地下综合管廊建设。在交通流量较大、地下管线密集的城市道路、轨道交通等地段,主要道路交叉口、道路与铁路或河流的交叉处,优先建设地下综合管廊。结合架空线入地等项目同步推动缆线管廊建设。根据实施意见和北京市整体规划情况,确立北京市建设综合管廊的模式为"三随一结合",即随新建道路、随轨道、随新建园区并与地下空间开发结合。

北京市立足城市发展定位和经济社会发展水平,结合各类市政管线运行需求,结合新开发区、地下空间开发强度大的主要新建扩建干路及轨道交通工程建设综合管廊,逐步构建了以综合管廊为主要敷设方式的市政管线骨干网络,显著提高了市区管线运行安全和抵御灾害的能力,方便运营维护与更新,降低了对城市日常交通和景观的干扰,创新并提升了市政基础设施管理机制和水平。北京市在城市副中心、冬奥会、世园会等重大项目建设中,优先规划建设了综合管廊,并提高了城市道路和轨道交通同步建设综合管廊的比例,逐步构建了中心城骨干系统和重点区域系统,带动了相关产业发展。截至2020年年末,北京市已正式投入运行的综合管廊工程共32项,总长度约199.69km;在建综合管廊工程9项,总长度约32.43km。

为推动综合管廊的可持续发展,随着工程项目的快速推进,北京市开展了综合管廊规划、设计、施工、运行维护全过程、全生命周期各阶段深入研究,将设计理念与工程措施相结合,在实际工程中不断实践,积累了综合管廊科学规划、精细化设计、绿色建设、智慧化高效运营维护、成本集约节约、节能降耗、景观融合等方面的技术创新与管理实践,打造了具有示范意义的创新综合管廊工程案例。

2) 台湾地区综合管廊建设状况

台湾地区综合管廊建设始于1991年的台北,为配合完成中华路铁路地下建设,在北门至和平西路建设了第一条综合管廊。截至2018年2月,台湾地区共同管道(包括干管和供给管)已建成约496km,在建约310km,其中台北、高雄、台中等大城市已完成共同管道体系规划并逐步建成。台湾地区非常重视综合管廊建设与地铁、高架道路、道路拓宽改造等大型城市基础设施的整合建设。如在台北东西快速道路建综合管廊,全长约6.3km,其中2.7km与地铁结合建设,2.5km与地下街、地下车库整合建设,大大降低了建设成本,有效推进了综合管廊的发展。

台湾地区综合管廊的建设和运营经验基本来自日本,但在政策和法规方面比日本更加详细和进步,独具特色。台湾地区在2000年6月14日颁布了《共同管道法》,并依据该法律陆续制定了多部有关共同管道的法规,依次颁布了《共同管道实施细则》《共同管道建设及管理经费分摊办法》《共同管道工程设计标准》,通过从基本法到地方管理办法的颁布,逐步构建起共同管道规划建设的法规体系,内容涉及工程设计、管理维护、建设基金、经费分摊等多方面。同时授权各地政府制订共同管道的维护管理办法,如收费标准、申请使用与许可发放、修缮注意事项、公告制度等;明确政府和管线单位双方均能接受的合理费用分摊办法,并通过法律的形式保证其执行。

台湾地区对共同管道规划评估严谨。规定新市镇开发、新社区开发、农村社区更新重划、办理区段征收、市地重划、主要城市更新地区、大众捷运系统、铁路地下化及其他重大工程应"优先"施作共同管道。此外,台湾地区具有完善的共同管道规划建设评估流程,主要评估因素包括:道路条件,如道路、人行道宽度;管线埋设需求,如干管、支管数量;道路管线挖掘频率,如挖掘频率高者则显示需求大;区域发展情况,共同管道建设需满足未来50年区域发展需求;经济效益益本比(B/C)大于1。通过一系列评估来确定是否建设、建设什么样的共同管道。

台湾地区法规体系的最大特点是体系完整、内容全面,这些法规是台湾地区各地市进行共同管道规划建设的法制基础和依据,值得学习和借鉴。

1.3 综合管廊投融资模式及收费机制

1.3.1 国外综合管廊投融资模式及收费机制

西方经济发达国家是综合管廊建设的发源地,经过180多年的探索、研究和实践,有关综合管廊的国家政策和法律法规不断健全,其发展进入一个良性循环。早期国外的综合管廊建设主要依赖于政府的财政投入,随着综合管廊建设的不断成熟,国外政府为了减轻建设综合管廊所造成的财政压力,通过吸纳社会资本,将发展模式转变为建设投资。

1963年日本制定《共同沟法》,规定地下综合管廊作为道路合法的附属物,其建设费用由道路管理者与管线建设者共同承担,各级政府可以获得政策性贷款以支持建设费用,综合管廊主体的维护管理可由道路管理者独自承担,也可与管线单位组成的联合体共同负责维护,综合管廊中的管线维护则由管线投资方自行负责。随后日本颁布了《共同沟实施令》和《共同沟法实施细则》,并在1991年成立专门的地下综合管廊管理部门,负责推动地下管廊的建设工作。其中,预约使用者负担的投资额占全部工程费用的60%~70%。东京将综合管廊作为城市基础设施,建设资金由政府和管线单位共同承担。政府与管线单位共同运营管理,政府分担一半以上的管理维护费用,其余部分由各入廊管线单位分摊。巴黎、伦敦将综合管廊视为由政府提供的公共产品,政府承担全部建设费用,所有权归政府。政府通过管廊空间使用权出让回收投资,价格根据每年实际情况调整变动,但对于国有管线企业不收费。表1-3所示为日本及欧洲综合管廊的投融资模式。

表1-3 日本及欧洲综合管廊的投融资模式

关键问题	欧洲模式	日本模式
投资主体	政府承担全部建设费用	政府与管线单位,各级政府都要出资,入廊单位仅出少量
融资支持	未明确	无息贷款
回报机制	收取租金实现部分成本回收	不追求建设回报
运营维护责任	全部由政府部门运营并承担费用	管廊整体由道路管理者或道路与入廊管线单位联合体管理维护、承担费用;管线由入廊单位管理维护、承担费用
调价机制	租金价格由市议会讨论标定(逐年调整)	以实际运营情况为准
法律保障	强制入廊 法律保障	强制入廊 法律体系非常完备
总体情况	公共产品性质,仅收回部分成本,租金民主决策、法律作保障	政府主导并承担,大量减少费用、法律支撑体系、强制入廊、运营维护责任划分明确

1.3.2　国内综合管廊投融资模式及收费机制

1. 国内综合管廊投融资模式

与国外和中国台湾地区相比,我国其他地区对综合管廊的理论研究和实际建设起步较晚。国内地下综合管廊建设资金的来源总体呈现政府投资为主,积极寻求多元化投资的特征。由于地下综合管廊属于市政公用基础设施,具有公共产品性质,投资大、回收期长,这些特点决定了政府在地下综合管廊投资中的主体地位。

近年来,随着我国城市基础设施投融资体制的改革,地下综合管廊的投资也在积极寻求多元化、市场化运作模式。为解决政府的资金紧张问题,国家积极推广PPP模式(public-private-partnership,政府和社会资本合作模式)以引入社会资本参与综合管廊建设。上海市采用"市级补助、区级建设"的政府全额投资模式,各区政府组织运营管理,负担全部运营维护费。厦门市采用"政府扶持、统建统管"的政府全额投资建设模式,运营阶段市财政按照干支线型管廊单舱单公里60万元、缆线型管廊每公里9万元予以定额补贴。广州市管廊建设由政府全额投资,政府每年给予管廊不超过75万元/km运营维护补贴。深圳市管廊建设由政府全额投资,企业代建,所有权归政府,建成后由一家企业统一运营。从收费情况看,上述城市都出台了有偿使用政策和标准,是以市政管线同等设施单独敷设成本为参考依据收取入廊费,收费可覆盖建设成本的30%左右,然而管廊建设运营单位存在收费难问题。与北京不同的是,这些城市的管廊建设由政府全额投资,运营维护给予财政补贴,解决了管廊建设运营单位资金困难,企业不用负债经营,保障了管廊的安全稳定运行,也提高了城市市政运行保障能力,增加了土地空间资源,减少了空中蜘蛛网,增强了城市韧性和安全。各种建设模式的特点如表1-4所示。

表 1-4　综合管廊各种建设模式的特点

模　式		优　势	劣　势	代表城市
传统模式	政府全部投资,再委托相应公司运营,各入廊单位支付入廊费、运营维护费	政府全资建设,委托运营;平台公司或建设主体代替政府持有资产;责权利界面划分清晰;行政审批体系成熟;理论上支付利润空间最小	收取入廊费困难;仅能维持现状运营,投资回收遥遥无期	深圳、厦门、广州
PPP模式	政府与社会资本合作模式	融资优势;建设运营一体化优势;SPV公司持有资产到期向政府移交	社会投资人的合理利润与工程直接产生的社会效益或者经济效益难以匹配	石家庄
BT模式	建设-移交模式	政府利用的资金是非政府资金,是通过投资方融资的资金,政府回购并持有资产	安全合理利润及约定总价的确定比较困难	珠海
其他模式	企业自筹＋政府补助	建设主体代替政府持有资产	收取入廊费和日常维护费困难,建设运营成本不能回收	北京

注:SPV公司(special purpose vehicle)即特殊目的公司;BT(build-transfer)模式即建设-移交模式。

1) 北京市
北京市综合管廊工程根据工程类型不同采用不同的投融资模式,随道路、随轨道的综合管廊工程一般采用企业自筹 70%＋政府补助 30%的形式,特殊功能区及核心区综合管廊一般采用区域财政投资方式。

从长期发展看,北京市作为国际大都市,基础设施规划、设计、建设都应达到国际领先水平。城市综合管廊作为城市生命线,保证了市内居民生活的正常有序,城市所有行业的顺利运转。因此,具有准公益性质的综合管廊,政府承担着最主要的建设任务与社会责任,在推进管廊建设过程中担负着核心指导作用,在成本最优控制的前提下,应由政府直接或间接、近期或长期完成投资,引导政府资金、民间资本的投资方向与投资模式,通过制定有效的收费指导意见、可行性缺口补贴方案、运营方案等政策文件,推动北京市综合管廊建设持续建设,为城市精细化管理发挥作用。

2)台湾地区

台湾地区针对综合管廊建设费用分摊和运营维护费用均有详细的管理办法,且设立共同管道专项基金,该基金设立宗旨就是筹措稳定财源,以提供共同管道工程的兴建及共同管道的管理维护费用,专款专用,并通过各层级的法规来对基金的保管和使用进行限制,保障综合管廊建设和维护经费具有稳定的来源,确保在综合管廊建设和运营之初就能做到资金落实,从而实现综合管廊的可持续发展。

台湾地区在城市地下综合管廊的建设过程中,政府是建设主力,成立了共同管道管理署,主要负责地下综合管廊的规划、建设、资金筹措及共同管道的执法管理。在共同管道建设费用方面,主要是由主管机关和管线单位共同出资建设,主管机关承担地下综合管廊的建设费用与管线单位承担的建设费用的比率为 1：2。此外,各管线单位以各自所占用的空间以及传统埋设成本为基础,分摊地下综合管廊的建设费用。法律将责任主体、管线入廊、禁挖范围、基金保障等共同管道的必要条件做了明确说明。这些法规是台湾地区各地市进行综合管廊规划建设的法制基础和依据,有力保障了综合管廊在台湾地区及各地市的建设发展。

2. 国内综合管廊收费机制

国内现行的综合管廊投资基本原则为:"受益者"付费,政府承担投资,管线产权单位有偿使用。城市地下综合管廊有偿使用费包括入廊费和日常维护费。入廊费主要用于弥补管廊建设成本,由入廊管线单位向管廊建设运营单位一次性支付或分期支付。日常维护费主要用于弥补管廊日常维护、管理支出,由入廊管线单位按确定的计费周期向管廊运营单位逐期支付。

2015 年 12 月发布的《国家发展改革委　住房和城乡建设部关于城市地下综合管廊实行有偿使用制度的指导意见》(发改价格[2015]2754 号)指出,各城市根据指导意见中关于管廊有偿使用费构成因素的规定,制定或调整城市地下综合管廊有偿使用费标准,认真做好管廊建设运营成本监审及入廊管线单独敷设成本调查、测算等工作,统筹考虑建设和运营、成本和收益的关系,合理制定管廊有偿使用费标准。国内部分城市综合管廊收费机制如表 1-5 所示。

表 1-5　国内部分城市综合管廊收费机制一览表

城市	厦门、深圳、广州、珠海	海　口	北　京
收费机制	政府全额投资模式,收支两条线,将收取的部分入廊费作为下期管廊建设滚动资金使用	SPV 公司向管线单位收费,政府进行可行性缺口补贴	向管线单位收费,用于弥补部分管廊建设成本

1）入廊费收取情况

我国多数城市对于入廊费的收取采用政府指导价，以"有偿使用、低价引导"为原则。在入廊费的收取工作中，尽管对于管线直埋成本的计算均未考虑占掘路及穿越节点的成本，但仍遇到了较大的阻力，管线产权单位表现出的付费意愿较弱。国内部分城市综合管廊入廊收费标准如表 1-6 所示。

表 1-6 国内部分城市综合管廊入廊收费标准一览表

城市	厦门	深圳	广州	海口
定价机制	政府指导价	政府指导价	一廊一费	政府指导价
参考标准	一次直埋成本	一次直埋成本	管廊建设投资的 30%	一次直埋成本
收费标准	2018 年 4 月政府发布：DN600 给水再生水 173 万元/km；DN500 燃气 833 万元/km；电力高压 96 万元/孔公里；电力中压 52 万元/孔公里；通信 38 万元/孔公里；占管廊建设投资的 20%	2017 年 2 月政府发布：DN600 给水再生水 187 万元/km；DN500 燃气 130 万元/km；电力高压 323 万元/孔公里；电力中压 38 万元/孔公里；通信 27 万元/孔公里；占管廊建设投资的 10%～20%	管廊建设投资的 30%	2017 年 11 月政府发布：DN600 给水再生水 60 万元/km；DN500 燃气 107 万元/km；电力高压 112 万元/孔公里；电力中压 29 万元/孔公里；通信 12 万元/孔公里；占管廊建设投资的 5%～10%

2）运营维护费收取情况

对于运营维护费的收取，基本类同于入廊费，多数城市制定了政府指导价，定价机制为：以"保本微利"为基础，以各类管线使用费直埋成本为基数，加上市政公用事业成本费用利润率平均值（厦门 2.6%、深圳 5.5%），拟定综合管廊使用费试行标准，能覆盖日常运营维护成本。国内部分城市综合管廊运营维护费标准如表 1-7 所示。

表 1-7 国内部分城市综合管廊运营维护费标准一览表

城市	厦门	深圳	广州	珠海	海口
收费机制	政府指导价	政府指导价	一廊一费	政府指导价	政府指导价
定价机制	覆盖日常运营维护成本				
收费标准	按标准三舱约 48.5 万元/[（单舱/km）/年]	按标准三舱约 64 万元/[（单舱/km）/年]	一廊一费	尚未确定	按标准三舱约 52 万元/[（单舱/km）/年]
财政补贴	已明确，绩效考核＋实际缺口补贴	暂估为 77.68 万元/[（单舱/km）/年]	未明确	未明确	已明确，按实际缺口补贴
更新改造及折旧	均未明确				

1.4　综合管廊投资决策及成本回收机制

城市综合管廊综合效益显著,是推动城市现代化、科技化、集约化、韧性化的重要举措。由于投资决策约束条件及公平合理的成本回收机制的缺失,严重制约了综合管廊的可持续发展。为系统回答综合管廊"建不建""怎么建"的问题,本节立足于综合管廊全生命周期综合成本效益量化分析,系统回答了这一问题。首先,分析了综合管廊全生命周期综合成本、效益组成及计算方法,剖析了综合管廊综合成本效益影响因素,构建了考虑综合效益的综合管廊投资决策模型,解决了综合管廊"建不建"的问题。其次,提出了两种综合管廊成本回收机制,即"比例付费机制"(管线单位和政府按内外部效益比例付费的成本回收机制)和"缺口补助机制"(政府对缺口资金进行补助的成本回收机制)。再次,量化了 19 个项目的综合成本效益关系,直观显示了综合管廊效益,获得了采用不同成本回收机制时,不同项目政府应分摊资金比例,同时考虑了四种不同入廊时序时政府分摊费用变化情况,提出了综合管廊成本回收政策制订的有关建议。最后,提出了推动我国综合管廊可持续发展的工作建议,回答了综合管廊"怎么建"的问题。

1.4.1　综合管廊"建不建"分析

综合管廊投资决策依据,实质上是回答综合管廊"建不建"的问题。在我国已然成为基建大国的背景下,综合管廊建设的技术性及功能性问题已不是影响综合管廊"建不建"的制约因素,核心因素是投资建设综合管廊的约束条件。要回答综合管廊"建不建"的问题,最基础、核心的工作是要树立系统思维,研究综合管廊的综合效益、综合成本的构成及影响因素,并基于综合成本效益分析,提出指导综合管廊投资建设的投资决策模型。

1) 综合成本效益分析

(1) 综合成本分析

综合管廊全生命周期的综合成本是在管廊全生命周期过程中直接发生的全部资金投入,包括建设成本和运营维护成本。根据已发表文献,全国部分地区 2016 年后建成的综合管廊项目建设成本,如图 1-8 所示,综合管廊单舱单公里建设成本为 2082.5 万~5143.5 万元,平均为 3667.2 万元。图中米字符表示最大值、最小值及离群数据值,五角星表示均值,箱中间水平线表示中位数,箱体的上下边线分别为上下四分位数。根据国内已投入运行的综合管廊项目(佛山东坪新城综合管廊、珠海横琴综合管廊、长沙市高铁新城金桂路综合管廊、北京中关村西区综合管廊等)实际运营维护测算,综合管廊年运营维护成本为 32 万~40 万元/(舱·km)。

(2) 综合效益分析

综合管廊作为集约高效、经济适用、智能绿色、安全可靠的现代化基础设施体系的重要新型市政设施,其综合效益显著(包括内部效益和外部效益),尤其外部效益显著。综合管廊内部效益是指因建设综合管廊提高管线新建、改扩建、更新改造、运行维护工作效率,改善管线运行环境,提高运行可靠性及寿命,从而避免传统管线因直埋敷设、更新改造、扩容、事故处理(直接损失)、运行维护等引起的开挖、道路修复、回填、交通导改等费用以及减少管线渗

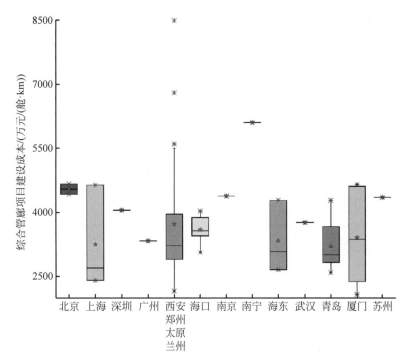

图 1-8 全国部分地区综合管廊项目建设成本

漏损失等而为管线单位带来的效益。综合管廊外部效益主要为因消除马路拉链、管线事故频发(影响交通、居民正常生产生活等导致的间接损失)、交通拥堵等城市病问题,引起的改善城市功能、美化城市景观、提升城市综合承载能力、促进城市集约高效发展等而产生的效益。综合管廊内外部效益组成如图 1-9 所示,图中数据来源于鲍宗辉等对雄安新区综合管廊综合效益的测算结果,外部效益约为内部效益的 1.86 倍。

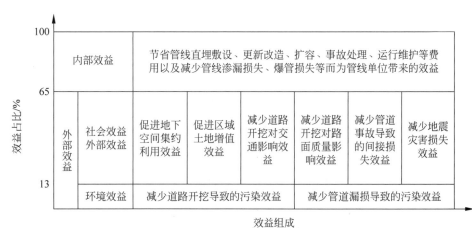

图 1-9 综合管廊综合效益组成及各效益占比

(3) 综合效益计算

综合管廊内部效益可分为短期效益和长期效益。短期效益是指修建综合管廊当期节省的同等规模传统管线直埋敷设及运营维护发生的成本;长期效益是指在综合管廊全生命周期内修建综合管廊节省的同等规模传统管线直埋敷设、更新改造、事故处理、运行维护等发生的成本以及减少管线漏损而产生的效益。计算短期效益核心需要不同规格各类管线直埋建设费用标准,可通过政府部门开展各类管线项目成本监审获得;而长期效益计算还需运营维护成本、事故处理成本以及各类型管线使用寿命(计算更新改造次数)、管线漏损等相关数据。综合管廊外部效益的组成及其计算如表1-8所示,其量化涉及的参数较多,受管廊建设区域、建设条件、建设时序等内外部多方面因素的影响,在一些参数取值确定时会进行简化、粗略估计等处理,因此通常外部效益较难精确确定。尽管如此,合理量化计算出综合管廊的外部效益,是科学评价综合管廊投资可行性和投资经济效益的基础,有助于为政府开展科学投资决策提供基础支撑。

表 1-8　综合管廊外部效益组成及其计算

效益		计算公式	参数说明
社会效益	促进地下空间集约利用效益	$B_{out1} = P_s A_{s1} + \alpha P_s A_{s2}$	P_s 为基准地价,A_{s1} 为节约地上空间的折算面积,主要为架空线占地,A_{s2} 为集约利用地下空间折算面积,根据入廊管线种类及规模折算,α 为基准地价修正系数
	促进区域土地增值效益	$B_{out2} = \beta_1 A_s r_k P_1 + FAR \times \beta_h A_s r_h P_h$ $B_{out2} = A_u \alpha P_1$	β_1 为土地增值系数,A_s 为综合管廊覆盖的土地面积,r_k 为区域置土地面积率,P_1 为区域基准地价,FAR 为区域容积率,β_h 为房地产增值系数,r_h 为区域已开发土地面积率,P_h 为区域基准房价;A_u 为综合管廊集约节约的地下空间面积,α 为地下空间土地出让金与区域基准地价的比值,通常取 0.4
	减少道路开挖对交通影响效益	$B_{out3} = \sum_{i=1}^{n} 4\left(\dfrac{N-1}{N} \times Q\right) P_d T_d f_i$ $B_{out3} = \mu \beta_1 T Q_1 + \beta_2 T Q_2$ $B_{out3} = N \times VOT \times T + K \times TFE$	N 为道路车道数,Q 为高峰小时车流量,P_d 为每车延迟价值,T_d 为单个单次管线施工平均工期,f_i 为第 i 条直埋管线年开挖道路频率;μ 为旅客节约时间中用于生产的比例,取 0.5,β_1 为旅客单位时间价值,T 为道路开挖延缓的通行时间,Q_1 为单位时间正常客运量人数,β_2 为货运的单位时间价值,Q_2 为单位时间正常货运车数;N 为机动车出行次数,T 为机动车平均损失时间,VOT 为机动车的平均时间价值,K 为燃料价格,TFE 为拥堵引起的耗油增加量
	减少道路开挖对路面质量影响效益	$B_{out4} = A\alpha$	α 为开挖对道路质量的影响系数,A 为开挖道路路面的建设费用
	减少管道事故导致的间接损失效益	$B_{out5} = \sum_{i=1}^{n} N_{di} \alpha_{di} P_{di}$	N_{di} 为管线 i 的规模,α_{di} 为管线 i 每年发生事故频次,P_{di} 为管线 i 发生事故时带来的因影响交通、居民正常生产生活等产生的间接损失
	减少地震灾害损失效益	$B_{out6} = (1+\gamma)\beta_e L_h \dfrac{\alpha_e}{1-\alpha_e}$	γ 为间接效益折算系数,根据地区经济发达情况取值,L_h 为房屋破坏总损失,α_e 为地下管线损失占房屋破坏损失经验比,β_e 为地区修正系数,根据地区经济发达情况取值

续表

效　　益		计算公式	参数说明
环境效益	减少道路开挖导致的污染效益	$B_{out7} = W_e N_p$ $B_{out7} = c \times TEE$	W_e 为利益相关者为环境质量提升而支付的最大价格，N_p 为地下道路沿线居民人数；c 为某种污染物的单位损害价值，TEE 为因拥堵增加的污染物排放总量
	减少管道漏损导致的污染效益	$B_{out8} = \sum_{i=1}^{n} P_{pi}$	P_{pi} 为管线 i 每年漏损导致的环境污染治理费

2）投资决策因素分析

在开展综合管廊投资建设时，需要充分统筹考虑城市经济发展水平、建设需求、周边用地性质、开发强度、各类市政规划统筹等因素，科学开展综合管廊规划设计，合理确定综合管廊建设区域、建设时机。同时要统筹考虑综合效益与长期效益，科学构建不同类型综合管廊的系统布局，协调规划管线远期预留与当期入廊率矛盾，合理确定入廊管线规模、类型及其入廊时序。总的来说，影响综合管廊投资决策的因素可分为如下四大类：

（1）政府财力及政府前瞻性：综合管廊是经济和社会发展到一定阶段的必然产物，其规划建设对城市综合承载能力的提升具有前瞻性（尤其对于管线超期服役愈发严重的老旧城区），是城市精细化治理领域内的被动化事后应对转变为事前主动预防、控制的重要抓手。作为准公共物品，综合管廊一次建设成本较管线直埋敷设要高，需要政府足够的财力支撑。图 1-10 反映了我国省级行政区（不含西藏、香港、澳门、台湾）2016—2020 年综合管廊固定资产投资总值（数据来源于我国 2016—2020 年城市建设统计年鉴）与经济总量之间的关系，考虑到中央财政先后对 25 个综合管廊试点城市给予了专项资金补助，总体来看，综合管廊投资建设各省级行政区投资情况与地区经济总量呈现出一定的正相关关系。

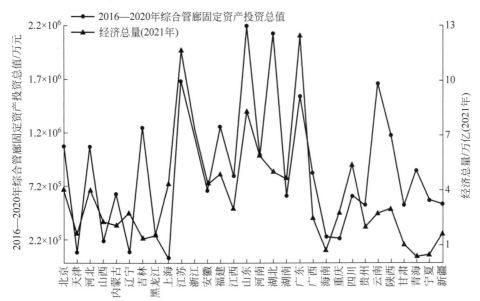

图 1-10　我国省级行政区（不含西藏、香港、澳门、台湾）2016—2020 年综合管廊固定资产投资总值与经济总量关系

（2）综合管廊建设区域综合特征：不同建设区域由于其品质要求、发展程度、路网密度、交通流量、人口密度、地下空间开发状况、市政管线及其他地下设施现状及规划情况不同，修建综合管廊的综合成本及对应的综合效益也不同。总的来说，城市新区、更新区、重点建设区、城市高强度开发区及交通流量大、管线密集、地下空间局促地段等区域为综合管廊优先建设区域。区域具体选择上，还应该考虑地质因素，地质情况是影响综合管廊建设成本的重要因素，应尽可能避开实施难度较大的地质条件复杂区域。

（3）入廊管线规格及入廊时序：规划入廊管线种类、数量、长度、管径及空间要求等规格直接影响综合管廊断面形式、大小及舱室数量，是综合管廊建设成本的直接决定因素，同时也影响着后期管线运营维护成本。入廊时序取决于入廊管线规划周期，通常还受管廊建设时机的影响，直接影响当期管线入廊率，进而影响综合管廊内部效益。综合管廊一旦建成，很难扩大规模，若只考虑建设当期经济性而一味压缩断面或舱室数量，造成无法满足管线远期扩容、新型管线入廊需求，后续不得不新建管廊或采用直埋敷设，不但影响综合管廊综合效益发挥，同时也违背综合管廊建设初衷。而如果一味追求高标准规划，则会造成因综合管廊利用率低而产生不必要的浪费。因此，寻求管廊建设与市政管线产权单位需求的契合点，在规划阶段将管线入廊数量、规模及建设标准与入廊费挂钩，科学合理确定综合管廊入廊管线规格及入廊时序至关重要，既要满足当前区域发展的市政能源供给需求，保证一定的当期入廊率促进建设成本回收，又要适度前瞻性地考虑未来新增需求。

（4）综合管廊规划建设运营水平：主要包括综合管廊建设时机选择、集约规划设计情况、施工工法、埋深、与随建工程全周期规划建设及审批协同情况、精细化运营维护管理水平等因素。综合考虑城市市政基础设施存在问题、现状实施条件和城市建设计划等因素，结合轨道交通建设、地下空间一体化开发、新区建设、旧城更新改造、管线升级改造等实施安排，合理确定综合管廊的建设时序，有助于降低综合管廊建设成本，提高综合管廊综合效益。在工程实践中面临综合管廊与随建工程因基本建设程序审批不协同导致的"随不上"的情况，造成反复施工或后建工程需对先建工程采取保护措施等本可通过协同建设避免的不必要费用，影响了综合管廊的经济性。因此，确保综合管廊与随建工程同步规划设计、同步审批、协同建设，对降低综合建设成本至关重要。此外，提高综合管廊全周期的精细化、集约化程度，也是促进综合管廊降本增效的重要举措。

3）投资决策模型构建

基于对综合管廊投资决策影响因素的系统分析，结合综合管廊综合效益、成本分析，构建投资建设约束性主函数如下：

$$F(G,L,P,M)=B-C \tag{1-1}$$

式中，G 表示政府财力及政府前瞻性，L 表示综合管廊建设区域综合特征，P 表示入廊管线规格及入廊时序，M 表示综合管廊规划建设运营水平，B 表示综合管廊综合效益，其包括内部效益 B_{in} 和外部效益 B_{out}，C 表示综合管廊综合成本。

对于前瞻型政府，投资决策时需要转变只关注建设成本的观念，应采用系统思维和可持续发展视角，注重综合管廊全生命周期的综合效益、长期效益，以综合效益与综合成本之比大于 1 作为项目科学投资决策的首要约束条件，也就是投资建设约束性主函数大于 0，即：

$$B-C>0 \tag{1-2}$$

综合管廊项目投资决策流程如图 1-11 所示，当综合管廊综合效益与综合成本之比小于

1 时,需从建设区域选择、入廊管线分析、建设时机优化、综合管廊建设规划布局方案优化等方面开展综合管廊规划建设实施方案优化研究,直到满足上述投资约束条件。满足综合效益与综合成本比大于 1 时,需要考察当期政府财力是否充足或是否具有前瞻性,当至少满足其一时,即对于前瞻型政府或财力充足的政府,适宜开展综合管廊建设。若政府财力有限且着眼于当下,不考虑外部效益,当 $B_{in} > C$ 时,采用综合管廊敷设市政管线较直埋敷设经济,可开展综合管廊建设。

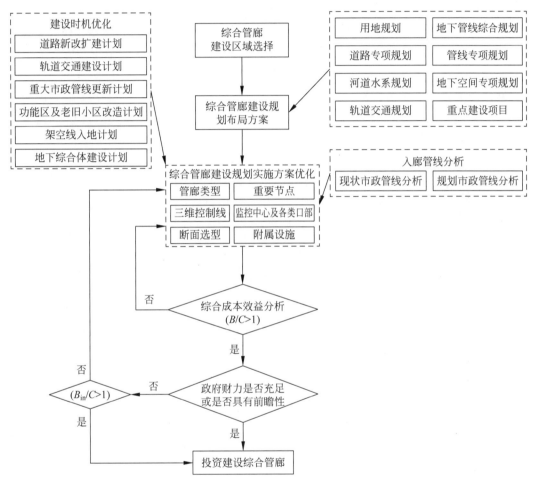

图 1-11 综合管廊项目投资决策流程

1.4.2 综合管廊"怎么建"分析

综合管廊是最具可持续性的城市地下设施之一,其以最小的环境影响保证了后续地下空间资源的可持续开发,其建设需要着眼长期规划。鉴于综合管廊建设投资较大,运营周期长且运营维护费较高,在满足综合管廊投资决策约束条件的基础上,要确保综合管廊可持续发展,必须使综合管廊投资进入良性循环,也就是投资、回收成本并盈利、再投资不断良性循环,实现投资闭环。因此,要回答综合管廊"怎么建"的问题,核心是要建立科学合理的综合管廊成本回收机制。

1) 受益者分析

综合管廊是具有较强正外部性和公益性的基础设施,其建设的受益者主要包括政府、社会公众及管线单位。政府作为公共利益的维护者与代表者,应更替为综合管廊最终受益者的社会公众,按"受益者付费"原则向管廊项目付费,给予必要的资金资助与合理的财政补贴。另外,作为综合管廊的使用者,管线单位也应按"使用者付费"原则缴纳一定的有偿使用费。因此,政府部门和管线单位均应分摊一定的综合管廊规划建设费用。在这方面,日本和我国台湾地区均开展了有益的探索实践。日本采用的模式是政府和管线单位各承担一半的综合管廊建设费用,运营维护费用由政府分担一半以上,其余由管线单位承担。我国台湾地区采用的模式是政府及管线单位按1:2的比例分摊建设成本,运营维护成本全部由管线单位承担。

我国大陆由于合理费用分摊机制的缺乏,制约了政府部门与管线单位费用分摊比例的确定。目前,部分城市采用由政府全额出资建设综合管廊,这种模式对政府财力要求较高,不利于综合管廊可持续发展。而其他部分城市出台了以"有偿使用、低价引导"为原则的有偿使用收费标准,然而在费用收取工作中遇到了较大阻力,管线产权单位表现出的付费意愿较弱,造成综合管廊的建设成本缺口严重,影响了综合管廊的可持续发展。究其原因,是在政策制定过程中,没有做好综合管廊受益者分析以及按受益比例厘清各受益者的支付义务。

因此,量化分析综合管廊的内外部效益,制定合理的政府、管线单位费用分摊比例,促进综合管廊投资成本回收,对解决综合管廊"怎么建"的问题至关重要。

2) 比例付费机制

对于政府部门,作为公共利益的维护者与代表者,修建综合管廊产生的外部效益是其受益范围。对于管线单位,修建综合管廊产生的内部效益是其受益范围。为调动管线单位入廊积极性,同时降低政府财政负担,满足双方共同利益诉求,在对综合管廊受益者分析的基础上,提出"比例付费机制",即管线单位和政府按内外部效益比例付费的成本回收机制。坚持"使用者付费"及"受益者付费"原则,按照建设综合管廊使政府部门、管线单位的受益情况进行费用分摊,进行综合管廊成本回收。政府以综合管廊外部效益为计算基础,管线单位以综合管廊内部效益为计算基础,分别按照对应比例分摊综合管廊的综合成本。由此,政府应承担的综合管廊建设及运营费用 G_m 为:

$$G_m = \frac{B_{out}}{B_{in} + B_{out}} C(1+R) = gC(1+R) \tag{1-3}$$

式中,R 表示项目投资收益率,原则上不低于商业银行长期贷款利率,g 为政府分摊比例。

管线单位应承担的综合管廊有偿使用费 P_m 为:

$$P_m = \frac{B_{in}}{B_{in} + B_{out}} C(1+R) = (1-g)C(1+R) \tag{1-4}$$

政府产出投入比 α 可由下式表示:

$$\alpha = \frac{B_{out}}{G_m} = \frac{1}{1+R} \frac{B}{C} \tag{1-5}$$

可见,采用上述比例分摊方法,政府产出投入比即为综合效益与综合成本(考虑投资收益)之比。因此,为提高政府产出投入比,应在投资决策时严格落实综合效益与综合成本比大于 1 这一首要约束条件,并尽可能提高综合效益与综合成本比。

在确定政府部门与管线单位分摊比例后,可根据直埋成本比、空间占比或直埋成本比与空间占比综合等方法,合理确定不同管线单位之间的费用分摊比例。

3) 缺口补助机制

管线单位承担的有偿使用费本质上是对综合管廊建设带来的内部效益"付费",主要包括入廊费、日常维护费。入廊费是入廊管线单位在入廊时按一定标准向管廊建设运营单位缴纳的费用,主要用于弥补管廊建设成本。日常维护费是入廊管线单位按一定周期向管廊运营单位支付的费用,用于弥补日常维护、管理支出,主要测算方法有空间比例分摊法、直埋成本比例分摊法、附属设施使用强度分摊法、空间占比和附属设施使用强度结合法等。

结合上述分析,提出"缺口补助机制",即政府对缺口资金进行补助的成本回收机制,由管线单位缴纳有偿使用费弥补部分综合管廊建设成本,政府补助剩余缺口资金。由此,管线单位应承担的综合管廊有偿使用费 P_m 为:

$$P_m = B_{in} \tag{1-6}$$

政府应承担的缺口补助资金 G_m 及政府分摊比例 g 为:

$$G_m = C(1+R) - B_{in} \tag{1-7}$$

$$g = \frac{G_m}{C(1+R)} = \frac{C(1+R) - B_{in}}{C(1+R)} = 1 - \frac{B_{in}}{C(1+R)} \tag{1-8}$$

4) 短期内部效益和长期内部效益

根据综合管廊内部效益确定管线单位所需缴纳有偿使用费的定价标准时,分为考虑短期效益和长期效益两种情况。两者的区别主要在于,前者只考虑管线一次直埋成本,计算方法即为一次直埋成本法。而后者考虑综合管廊全生命周期内管线直埋敷设、更新改造、事故处理等发生的成本,主要计算方法包括管廊全生命周期内考虑管线重新敷设的直埋成本法、建设成本分摊法(空间占比法、直埋成本比例法、空间及直埋成本综合比例法)等方法。

1.4.3 基于综合管廊案例的成本回收机制研究

1) 综合成本效益量化分析

为进一步阐述本书构建的考虑综合效益的投资决策模型及按受益付费的成本回收机制,为综合管廊相关政策制订提供参考,参照相关文献资料,作者量化计算了不同地区 19 个综合管廊项目综合效益及综合成本,结果如图 1-12 及表 1-9 所示,表中 B_l 表示考虑长期内部效益时的综合效益,B_s 表示考虑短期内部效益时的综合效益。因为不同项目所在建设区域综合特征差异较大,所以各项目采用的管线直埋及更新改造敷设成本标准不同。由于可获取的数据有限,外部效益计算时仅考虑部分效益,各项目外部效益未计算项如表 1-9 所示。

计算结果表明,不同综合管廊项目考虑长期内部效益时的综合效益与综合成本之比 $\left(\frac{B_l}{C}\right)$ 集中在 1.50~3.58,考虑短期内部效益时的综合效益与综合成本之比 $\left(\frac{B_s}{C}\right)$ 集中在 1.04~3.01,反映出综合管廊显著的综合效益。

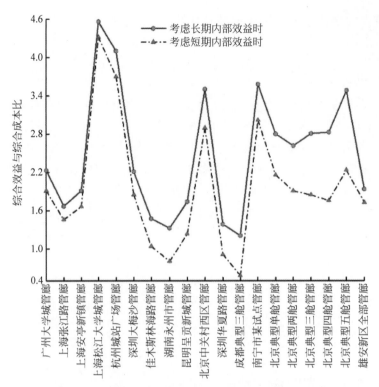

图 1-12 国内部分综合管廊项目综合成本效益关系曲线

表 1-9 国内部分综合管廊项目综合成本效益计算 　　　　　　　万元

综合管廊项目	综合成本 (C)	综合效益 (B)		$\dfrac{B_1}{C}$	$\dfrac{B_s}{C}$	B_{out} 未计算项
		B_1	B_s			
广州大学城管廊	107929	240944	206144	2.23	1.91	
上海张江路管廊	46576	77710	67854	1.67	1.46	
上海安亭新镇管廊	34097	65184	56784	1.91	1.67	
上海松江大学城管廊	2875	13121	12421	4.56	4.32	
杭州城站广场管廊	5275	21624	19504	4.10	3.70	$B_{out1}\,B_{out2}\,B_{out5}\,B_{out8}$
深圳大梅沙管廊	14695	32472	27132	2.21	1.85	
佳木斯林海路管廊	11114	16370	11570	1.47	1.04	
湖南永州市管廊	62139	82389	49989	1.33	0.80	
昆明呈贡新城管廊	74160	129000	91640	1.74	1.24	
北京中关村西区管廊	10147	35857	29603	3.50	2.89	$B_{out5}\,B_{out6}\,B_{out7}\,B_{out8}$
深圳华夏路管廊	11384	15775	10349	1.39	0.91	$B_{out2}\,B_{out5}\,B_{out6}\,B_{out8}$
成都典型三舱管廊	15816	19102	9181	1.21	0.58	$B_{out2}\,B_{out5}\,B_{out6}\,B_{out7}\,B_{out8}$
南宁市某试点管廊	14542	52047	43832	3.58	3.01	$B_{out1}\,B_{out5}\,B_{out6}\,B_{out7}\,B_{out8}$
北京典型单舱管廊	16084	45019	34685	2.80	2.16	
北京典型两舱管廊	27254	71225	51963	2.61	1.91	
北京典型三舱管廊	40067	112431	73834	2.81	1.84	$B_{out1}\,B_{out2}\,B_{out4}\,B_{out6}\,B_{out7}\,B_{out8}$
北京典型四舱管廊	54752	154705	96023	2.83	1.75	
北京典型五舱管廊	75009	261121	167511	3.48	2.23	
雄安新区全部管廊	3676500	12011544	10697699	1.94	1.72	无

2）政府费用分摊比例分析

在各地制定综合管廊相关政策的实践中,政府部门遇到一个最大的问题就是,对于综合管廊的成本,政府费用分摊比例应该是多少。根据前文构建的比例付费机制和缺口补助机制模型,分别计算出考虑长期、短期内部效益时两种成本回收机制对应的政府分摊比例,计算结果如图 1-13 所示。

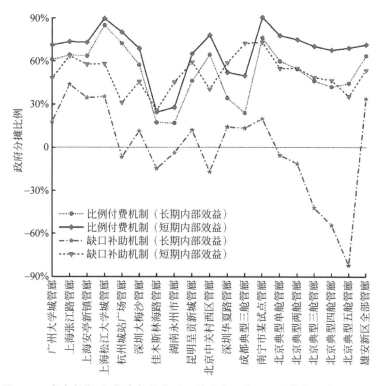

图 1-13　考虑长期、短期内部效益时两种成本回收机制计算的政府分摊比例

结果表明,按照比例付费机制,当考虑长期内部效益时,政府分摊比例 g 集中在 16.9%～84.9%,平均值为 52.3%。当考虑短期内部效益时,政府分摊比例 g 集中在 24.5%～90.6%,平均值为 67.2%。按照"缺口补助机制",当考虑长期的内部效益时,政府分摊比例 g 集中在 -82.2%～43.8%,平均值为 -0.10%,负值表示无需政府分担,由此表明考虑直埋管线全周期更新改造成本时,采用综合管廊敷设市政管线较直埋敷设更为经济。当考虑短期内部效益时,政府分摊比例 g 集中在 25.9%～73.3%,平均值为 51.3%。

综合管廊作为城市重要地下基础设施,其实施具有不可逆性,因此在规划阶段,在考虑当期管线入廊敷设需求的同时,也会考虑未来城市发展需要带来的管线扩容需求。我国自2016 年建成的大部分管廊的管线入廊率不足 20%(截至 2019 年 6 月数据)。当期入廊率的高低将会影响综合管廊综合效益的量化数值,因此在确定实际项目政府分摊比例时还需考虑管线入廊时序这一因素的影响。鉴于实践中,不同综合管廊项目当期入廊率差别较大,在计算中考虑四种当期入廊率高低不同的入廊时序,即当期入廊率 100%、10 年入廊率100%、20 年入廊率 100%、30 年入廊率 100%,具体见表 1-10。以短期内部效益下的缺口补助机制为例,分别计算四种管线入廊时序时的政府分摊比例,结果如表 1-10、图 1-14 所示。根据相关文献研究结果,计算时折现率采用 6.13%,同时入廊率达 100% 前每 5 年进行一次折现计算。结果表明,当期入廊率越低,各项目政府需分摊的缺口部分比例越高。当期入廊率100%时,政府分摊比例均值为51.3%,而当期入廊率70%时,政府分摊比例均值为56.5%,当期入廊率40%时,政府分摊比例均值增至65.9%,而当期入廊率仅为10%时,政府分摊比例均值达77.6%。总之,当期入廊率每降低30%,政府分摊比例均值增加8.8%。

表 1-10　四种管线入廊时序及对应的政府分摊比例均值　　　　　　　　%

计算类别	入 廊 时 序							政府分摊比例均值
	当期	5 年	10 年	15 年	20 年	25 年	30 年	
当期入廊率100	100							51.3
10 年入廊率100	70	85	100					56.5
20 年入廊率100	40	55	70	85	100			65.9
30 年入廊率100	10	25	40	55	70	85	100	77.6

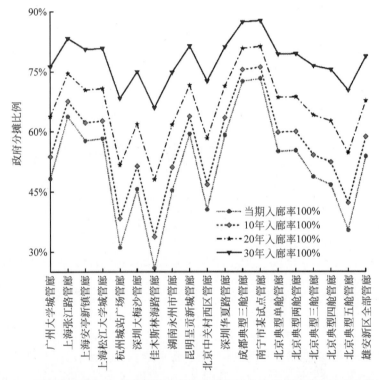

图 1-14　不同入廊时序时,考虑短期内部效益时缺口补助机制计算的政府分摊比例

　　针对费用分摊比例的计算结果,需特别说明如下:①数据离散性较大,表明对于不同的综合管廊项目,政府和管线单位的成本分摊比例有较大差异。这是因为计算综合管廊综合成本和综合效益的影响因素较多,同时不同因素取值也受到项目实际情况的影响。②从均值上看,按照缺口补助机制,当考虑长期内部效益时,政府分摊比例平均值为-0.10%,说明考虑长期内部效益时,即使不考虑外部效益,综合管廊项目总体上内部效益还是大于综合成本。其余几种模式(考虑长期内部效益的比例付费机制、考虑短期内部效益的比例付费机制和缺口补助机制)政府分摊比例均值分布在50%~70%这个区间,其中政府在考虑短期内部效益时比例付费机制中出资比例最高,均值为67.2%(未考虑入廊率因素)。③当期入廊率对分摊比例影响较大,在制定政策时需要充分考虑该项因素的影响。

3）成本回收政策制订建议

（1）因时、因地制宜"两步走"实施综合管廊费用分摊有关政策。鉴于当前我国综合管廊尚处于起步阶段，在社会公众和管线单位尚未完全享受到综合管廊的长期效益，外部效益计算的基础数据库尚不健全时，为了凝聚共识，鼓励管线单位入廊，推进综合管廊建设工作，强化政府引导力度，采用按考虑短期内部效益的政府缺口补助机制，是兼顾政府部门与管线单位共同利益的选择。在综合管廊发展较为成熟阶段，各利益相关方对综合管廊综合效益、长期效益形成共识后，可按照考虑长期内部效益的比例付费机制，管线单位和政府作为内部效益和外部效益的受益方，按照内外部效益比例，合理分摊综合管廊建设成本。

（2）考虑到不同项目计算结果具有离散性，针对每个项目无法划定统一的分摊比例。如果所有项目均采用"一廊一策"政策，政策执行成本将严重制约综合管廊发展。为了制定统一的综合管廊成本分摊政策，提高政策的执行效率，建议各城市深入量化分析综合管廊综合效益和综合成本影响因素取值情况，结合城市发展需要合理规划综合管廊入廊率，按照上述"两步走"思路统一确定每个阶段本区域所有综合管廊项目成本的政府和管线单位分摊比例，并依此制定政府补助政策和各管线的入廊收费标准。同时借鉴上海、深圳、厦门等城市经验，成立市级、区级综合管廊平台公司，由平台公司统一实施所在区域所有综合管廊项目的投资建设和运营工作，"削峰填谷"解决不同项目之间内外部效益的离散性问题。

4）综合管廊可持续发展建议

综合管廊是新时代推进城市精细化治理的重要支撑，政府作为公共利益维护者与代表者，应保持战略定力，理性应对挑战，建立系统思维、全周期视角。通过完善综合管廊投资决策配套机制，健全完善入廊收费使用制度，强化投资建设"开源节流"，把钱花在刀刃上，充分认识到综合管廊对保障城市"生命线"安全运行，引领地下空间高质量集约发展的重要作用，因地、因时制宜推动综合管廊可持续建设。

（1）完善投资决策配套机制

重视地下管线不同敷设方式下的规划建设投资、维护维修费用等相关的信息统计分析工作，在成本监审及运行寿命调查基础上，明确直埋成本敷设、重新敷设、运营维护等相关费用标准，进一步构建涵盖全要素地质信息及地下管线、地下构建筑物、城市道路等城市基础设施建设、更新改造及运营维护等信息的大数据库（涵盖区域、费用、建设时间等内容）。构建综合管廊决策评估数据库，确保数据库动态更新、协同共享，为开展不同类型综合管廊综合效益量化分析，构建精细化投资决策模型，推动综合管廊投资建设科学决策提供数据支撑，更为城市精细化治理提供基础决策依据。

综合管廊项目可行性研究论证阶段，构建并严格落实综合管廊建设必要性与可行性评估机制，将综合效益与综合成本之比大于1作为综合管廊投资约束性指标，并以此为目标开展综合管廊全生命周期降本增效，推动综合管廊可持续发展。

（2）健全完善入廊收费使用制度

建立管线单位入廊管线需求（管线种类、规模、位置、空间需求、入廊时间等）与有偿使用费缴纳的联动机制，管线入廊签约工作前移至规划设计阶段，避免不合规管线入廊或管线规模过大、标准过高，从规划源头夯实入廊需求。统筹考虑各项目建设时序，优化行政审批流程，统筹推动规划当期入廊管线与综合管廊，同步规划建设、同步审批、同步投入使用，提高当期管线入廊率。严格要求已建综合管廊沿线的所有管线原则上"应进必进"，尽可能提高综合管廊利用率，发挥综合管廊的综合效益。

建立健全综合管廊的成本回收机制,成立区域综合管廊平台公司,因时、因地制宜分阶段完善并落实综合管廊成本回收有关政策。在制定管线入廊收费政策时,要理顺管线单位价格顺出机制,入廊管线单位缴纳的有偿使用费可通过成本监审依法合规纳入企业成本,作为收费定价调整的依据。建立管线入廊激励机制,提高入廊率相关政策,增加对入廊建设项目的税费减免等优惠政策,加大费用缴纳协调力度,调动管线单位交费积极性。

(3)强化投资建设"开源节流"

推动综合管廊投资体制创新,拓展综合管廊投资资金来源,促进综合管廊的可持续发展。通过健全完善综合管廊有偿使用制度,完善 PPP 模式的政策措施,以区域综合管廊平台公司为抓手,针对具体项目量化分析政府补助比例,明确投资回报机制,探索市场和社会力量参与投资建设和运行管理的机制。积极推动和支持管线单位和社会资本以投资入股区域综合管廊平台公司等多元方式,与城市共建共享地下综合管廊的投资建设和运营管理。借鉴我国台湾地区建立共同管道建设基金的经验,建立并规范地下综合管廊投资建设基金。完善投融资支持制度,加快健全地下空间权属制度,明确综合管廊权属登记相关程序,保障综合管廊权利人权益,助力盘活存量管廊资产,探索公募基础设施房地产信托投资基金(REITs)研究。

强化全生命周期成本管控,推动综合管廊降本增效。合理确定建设区域及系统布局,推动多层次、网络化综合管廊体系建设,发挥综合管廊的综合效益。强化管线需求分析,在夯实入廊需求的基础上因需设廊,发挥规划引领作用,严把规划设计关,从源头做好成本控制,加强项目线位、规模、埋深、工法、建设时机等优化论证。围绕综合管廊"安全、高效、经济、智能"目标,持续开展共舱技术、管线敷设安全距离优化、断面集约优化、设备系统功能融合优化、精细化能源管理等技术创新,不断提升综合管廊规划、设计、建设及运营精细化、集约化、智慧化发展水平。

5)小结

城市地下综合管廊是城市社会经济发展到一定阶段,伴随市政基础设施由粗放式发展向融合、集约高质量发展转型的必然产物。本节着力于系统回答综合管廊"建不建"及"怎么建"的问题,分析了综合管廊全生命周期综合成本、效益组成,剖析了综合管廊综合成本、效益的影响因素,构建了投资决策模型,开展了成本回收机制研究,并提出了综合管廊可持续发展建议。主要结论如下:

(1)构建了考虑综合效益的综合管廊投资决策模型,提出了以综合效益与综合成本比大于1的投资决策首要约束条件,并进一步考虑政府财力及前瞻性因素,对于财力有限且着眼于当下的政府,内部效益大于综合成本的投资决策约束条件。

(2)构建了两种综合管廊成本回收机制,即比例付费机制(管线单位和政府按内外部效益比例付费的成本回收机制)和缺口补助机制(政府对缺口资金进行补助的成本回收机制)。

(3)系统量化了 19 个综合管廊项目的综合效益、综合成本关系,为综合管廊科学决策奠定基础,结果表明综合管廊综合效益与综合成本之比集中在 1.50~3.58,反映了综合管廊显著的综合效益。

(4)提出了因时、因地制宜"两步走"实施综合管廊费用分摊有关政策。当前阶段政策基础为考虑短期内部效益的缺口补助机制,此阶段政府加大投入、引导发展。综合管廊发展成熟阶段政策基础为考虑长期内部效益的比例付费机制,此阶段体现出"谁受益谁付费""谁受益大谁付费多"的合理原则。

(5)提出了完善综合管廊投资决策配套机制,健全完善入廊收费使用制度,强化投资建设"开源节流"(成立区域平台公司、探索市场化试点等)的综合管廊可持续发展建议。

1.5 综合管廊标准体系

1.5.1 国内综合管廊标准体系概述

根据我国国家工程建设标准体系框架划分,综合管廊工程建设标准体系按使用范围和共性程度可分类为基础标准、通用标准和专用标准,标准体系框架如图1-15所示,该标准体

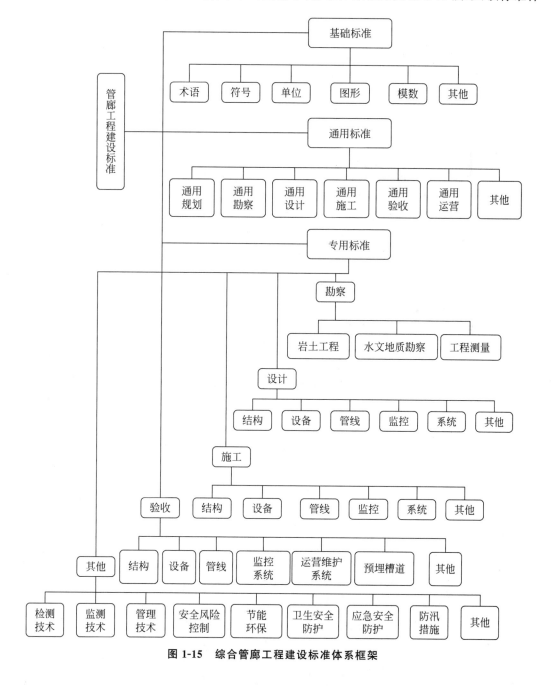

图 1-15　综合管廊工程建设标准体系框架

系框架适用于综合管廊工程的规划、设计、施工、验收、运行维护及安全和信息化管理等全过程。截至 2020 年年底，我国已发布的综合管廊国标、地标、团标详见表 1-11。

表 1-11   我国现行综合管廊标准一览表

标准类型	适用阶段	标准名称
国标	规划	《城市工程管线综合规划规范》（GB 50289—2016）
	设计	《城市综合管廊工程技术规范》（GB 50838—2015）
		《城镇综合管廊监控与报警系统工程技术标准》（GB/T 51274—2017）
	运营	《城市地下综合管廊运行维护及安全技术标准》（GB 51354—2019）
		《城市综合管廊运营服务规范》（GB/T 38550—2020）
	管线	《城市综合地下管线信息系统技术规范》（CJJ/T 269—2017）
地标	设计	《城市综合管廊工程设计规范》（DB11/1505—2022）
		《综合管廊工程技术规范》（DGJ 08—2017—2014）
		《深圳市地下综合管廊工程技术规程》（SJG 32—2017）
		《天津市综合管廊工程技术规范》（DB/T 29—238—2016）
		《城市地下综合管廊工程设计规范》（DB33/T 1148—2018）
		《城市综合管廊消防安全技术规程》（DB46/T 477—2019）
		《城市地下综合管廊建设技术规程》（DB13(J)/T 183—2018）
		《波纹钢综合管廊工程技术规程》（DB13(J)/T 225—2017）
		《装配式混凝土综合管廊工程技术规程》（DB22/JT 158—2016）
		《广州市地下综合管廊人民防空设计指引》2017 年
	施工	《城市综合管廊工程施工及质量验收规范》（DB11/T 1630—2019）
		《城市综合管廊工程施工及验收规范》（DB4401/T 3—2018）
		《城市地下综合管廊工程施工及质量验收规范》（DB33/T 1150—2018）
		《城市综合管廊监控与报警系统安装工程施工规范》（DB11/T 1712—2020）
	运营	《城市综合管廊运行维护规范》（DB11/T 1576—2018）
		《城市综合管廊智慧运营管理系统技术规范》（DB11/T 1669—2019）
		《城市综合管廊维护技术规程》（DG/TJ 08—2168—2015）
	计量	《〈京津冀建设工程计价依据 预算消耗量定额〉城市地下综合管廊工程》（JJJZ0—31(03)—2018）
		《广东省城市地下综合管廊工程综合定额 第一册 建筑装饰工程》2018 年
		《广东省城市地下综合管廊工程综合定额 第二册 安装工程》2018 年
	其他	《城市综合管廊设施设备编码规范》（DB11/T 1670—2019）
		《城市综合管廊工程资料管理规程》（DB11/T 1713—2020）
团标	设计	《城市综合管廊防水工程技术规程》（T/CECS 562—2018）
		《城市综合管廊监控中心设计标准》（T/CMEA 13—2020）
	运营	《城市综合管廊运行维护技术规程》（T/BSTAUM 002—2018）
		《城市综合管廊运营管理标准》（T/CECS 531—2018）
	管线	《城市地下综合管廊管线工程技术规程》（T/CECS 532—2018）
	其他	《综合管廊智能井盖》（T/CECS 10020—2019）
		《城市综合管廊工程资料管理标准》（T/CECS 639—2019）
		《城市综合管廊基本术语标准》（T/CMEA 4—2019）

综合管廊工程作为新型市政工程,建设标准体系涉及专业较多,各专业存在不同程度的融合交叉,目前国家、行业标准规范尚未形成一定的体系。除了设计类规范相对成熟外,施工类、质量验收类、安全风险控制类等方面尚未出台相关技术标准。现行综合管廊国家标准对管廊内管线安装及敷设、各类附属设施等内容只做了原则性的规定,在对设计精细化、集约化的要求逐步提升下,需要在现行标准体系基础上进一步丰富,制定实用性和操作性更强的技术规范。在断面设计标准化、节点设计标准化、附属设施标准化、防水设计标准化等方面需要大量的工程设计实践和人力投入,尤其是综合管廊消防、通风等标准规定较严格,存在可优化的空间。

对地方标准均未形成体系,以北京为例,只有几个通用标准用以指导地方建设(如《城市综合管廊工程设计规范》(DB11/1505—2022)、《城市综合管廊工程施工及质量验收规范》(DB11/T 1630—2019)、《城市综合管廊运行维护规范》(DB11/T 1576—2018)等),基础标准和专项标准缺失,尚未形成体系。更为重要的是,地方标准多以国家标准为蓝本,其多项工程建设指标与国标基本一致,具体到指导实际工程建设时,可用性不足。尤其是综合管廊建设初期在消防、通风等规范的执行过程中,按照较为严格的建筑标准执行,没有按照构筑物的相关标准执行,造成实施阶段标准过高而不实用的情况。2020年,为适应北京市综合管廊建设的需要,在认真总结前期综合管廊设计建设整改经验和相关科研成果的基础上,对北京市地方标准《城市综合管廊工程设计规范》进行了局部修编,形成了《城市综合管廊工程技术要点》,该技术要点包含综合管廊有效需求和效益的关系、综合管廊成本控制的要求、综合管廊出地面构筑物景观协调三个方面内容。

因此,应在总结近年综合管廊实践经验的基础上,进一步健全综合管廊标准化体系,为综合管廊规划、设计、施工及运营提供科学可靠的依据,提高工程安全与可靠性,促进我国综合管廊可持续、健康发展。

1.5.2　国内外部分有代表性城市综合管廊标准法规颁布情况

欧美日等发达国家和中国台湾等地区城市地下综合管廊建设历史较长、经验丰富,开展综合管廊标准对比研究,为我国大陆城市综合管廊技术标准的修订和完善提供参考和借鉴,对于我国大陆综合管廊可持续发展具有重要意义。

综合管廊相关的工程技术标准、规范体系大体可以分为两类:①亚洲地区以日本、中国大陆和中国台湾地区为代表,非常重视综合管廊工程技术标准、设计规范建设,形成了专业的、相对完善的综合管廊设计技术标准和规范。②欧美国家、新加坡及中国香港等国家或地区没有专用的综合管廊工程技术标准和规范,综合管廊的各设计环节需要参考国家或地区管理部门所发布的通用技术标准、规范。亚洲国家或地区(日本、新加坡、中国台湾地区和中国香港地区)以及欧洲(主要是法国、捷克)、美国等关于城市地下综合管廊规划建设方法和工程技术标准情况如表1-12所示。

表 1-12　调研国家或地区的综合管廊建设相关法律制度、技术标准和规范情况

编号	国家或地区	法律法规	相关标准或研究报告	地下综合管廊的工程技术专用法规
1	日本	《关于设置共同沟特别措施法》1963 年 4 月颁布 《关于设置共同沟特别措施法实施细则》1964—1987 年修订和完善	《地下空间公共利用基本规划编制方针》1991 年 《大深度地下公共使用特别措施法》2001 年	《共同沟设计指南》（日本道路协会编制 1986 年 3 月）
2	中国台湾地区	《共同管道法》2000 年 6 月颁布	《共同管道实施细则》 《共同管道建设及管理经费分摊办法》 《共同管道工程设计标准》	2003 年颁布《共同管道工程设计标准》，2019 年制订《共同管道工程设计规范》
3	新加坡	《公共服务设施隧道法》（Common Services Tunnels Act）2018 年颁布实施	*Code of Practice on Surface Water Drainage*（2004） *Code of Practice on Sewerage and Sanitary Works*（2013） *Code of Practice of Electrical Installations*（2018） *Transmission Code*（2014） *Code of Practice for Fire Precautions in Buildings*（2018）	无专门的综合管廊技术规范，设计思路：CST 结构设计标准依照欧洲规范；CST 性能设计按照公用事业机构（utility agency）的规范
4	中国香港地区	没有颁布专门的综合管廊法规。由中国香港城市规划条例规管（2003 年修订）	*Code of Practice for Structural Use of concrete*（2013） *Code of Practice for Precast Concrete Construction*（2016） *Code of Practice for Fire Safety in Buildings*（2015） *Code for Practice for Minimum Fire Service Installations and Equipment and Inspection Testing and Maintenance of Installations and Equipment*（2012） *Guide to Fire Safety Design for Caverns*（1994） *Guide to Utility Management*（2011）	无专门的综合管廊技术规范，设计思路：按照政府机构的相关规范条款进行管廊设计
5	法国	按照城市地下空间相关的法律、法规进行管理，没有颁布专门的综合管廊法规	《国家综合管廊发展项目-土地之钥》	《城市地下综合管廊实用指南》参考欧洲规范（Eurocode 0～9）以及相关技术标准

续表

编号	国家或地区	法律法规	相关标准或研究报告	地下综合管廊的工程技术专用法规
6	捷克	按照城市地下空间相关的法律、法规进行管理,没有颁布专门的综合管廊法规	《布拉格地下市政管线廊道研究报告》2006年 《Kolektory Praha 股份公司:技术标准》2018年 《布拉格地区综合管廊及其管线网络的管理、运行和维护操作规则》,Kolektory Praha 公司,2019年	无专门的综合管廊技术规范;参考欧洲规范(Eurocode 0~9)以及相关技术标准
7	美国	没有颁布专门的综合管廊法规	*A Survey of Underground Utility Tunnel Practice*,1967年 *Feasibility of Utility Corridors in Tx-DOT Right of Way*,2002年,得克萨斯州 *Utility Tunnels and Service Structures*,The ITER Tokamak *University of Washington-Engineering Services* 2017(*Design Guide:fsdg-02-u-Utility Tunnels and Trenches*,华盛顿大学发布校园工程设施设计指南2017年	无专门的综合管廊技术规范

1.5.3　北京法规与其他国家或地区法规对比及完善建议

1. 北京与日本和中国台湾地区等地综合管廊标准对比

1)北京《城市综合管廊工程设计规范》整体情况

《城市综合管廊工程设计规范》(DB11/1505—2022)由北京市规划和国土资源管理委员会发布,适用北京市新建、改扩建区域的城市综合管廊工程的规划与设计。《城市综合管廊工程技术要点》是为适应北京市综合管廊建设的需要,在认真总结已建综合管廊设计建设整改经验和相关科研成果的基础上,对北京市地方标准进行局部修编,经征求北京市各相关委办局及住房和城乡建设部标准定额司意见后形成,包含了综合管廊有效需求和效益的关系、综合管廊成本控制的要求、综合管廊出地面构筑物景观协调三方面内容,共17条技术条款。

2)中国台湾地区《共同管道工程设计标准》《共同管道工程设计规范》整体情况

中国台湾地区2003年颁布实施《共同管道工程设计标准》,并于2013年进行修订。标准仅给出了共同管道工程设计的原则要求和技术指标,不能直接用于工程设计。

2019年6月,中国台湾地区内务部制定了《共同管道工程设计规范》,直接用于指导共同管道工程设计,适用于工程调查、规划及设计。此规范主要适用于明挖工法工程,采用潜盾、推进或管幕等工法时,可依据此规范,适当修正后使用。

3)日本《共同沟设计指南》整体情况

1986年3月,日本道路协会发布日本共同沟的技术标准《共同沟设计指南》,适用范围为采用挡土墙或修筑围堰施工法,用钢筋混凝土构筑共同沟建设过程中的主体构造、附属设备及临建工程。预制装配技术、非明挖技术、桥涵施工等方面仍需特定的专项规范对其补充。

总体上看,三地规范基本上覆盖了明挖法综合管廊全专业的整个设计过程,并给出了管廊特殊节点、通用节点以及附属设备的推荐做法,标准化程度非常高,可以大大提高综合管廊的建设效率,但存在以下不同之处。

(1) 适用阶段不同

日本《共同沟设计指南》和中国台湾地区《共同管道工程设计规范》适用于共同管道工程的调查、规划及设计阶段,而北京《城市综合管廊工程设计规范》未涉及规划前的调查阶段内容,但规划、设计方面整体上规定更加明细,指导设计的操作性更强、对管廊的安全性要求更高、适用范围更广。

(2) 适用范围不同

日本《共同沟设计指南》和中国台湾地区《共同管道工程设计规范》基本覆盖了明挖法综合管廊全专业的设计过程,特殊工法或采用特殊结构时,可参照使用。

与其他两地规范相比,北京《城市综合管廊工程设计规范》适用范围更广,除了对明挖法(现浇、预制拼装)综合管廊结构规定更为详细外,对其他施工方式(矿山法、盾构法以及顶进法)的综合管廊结构进行规定,尤其是对矿山法施工的综合管廊结构设计规定细致,易于指导设计、施工。北京《城市综合管廊工程设计规范》对于预制拼装综合管廊的构件之分割及组合、预铸构件两端应设置接头,其型式等规定更加详细。日本《共同沟设计指南》没有明确提出针对预制拼装综合管廊的条文规定。

(3) 总体设计方面

由于北京《城市综合管廊工程设计规范》管廊内缆线安装需参考相关专业规范,并未针对管廊的特殊性给出专门要求,且管线入廊需求大,管廊标准断面净高和净宽一般均大于日本规范。北京《城市综合管廊工程设计规范》对于节点设置分类明确,要求更具体,北京技术要点对于根据不同的施工工艺,通风口间距有所增大。

(4) 结构设计方面

北京《城市综合管廊工程设计规范》综合管廊采用的混凝土和钢筋的设计强度均高于日本《共同沟设计指南》。北京、日本两地规范在荷载种类及计算方法上类似,部分取值和构造规定日本规范更为保守,这可能与其材料的容许应力强度较低有关,但在设计计算原则和弯角部位的处理上,北京《城市综合管廊工程设计规范》的设计裕度更大,其规范了综合管廊结构抗震等级以及应采用提高地层的抗液化能力,且保证地震作用下结构安全。由于日本管廊规范的时效性,其抗震设计计算方法并不具备参考性,但对于管廊抗震设计的计算理念有助于简化设计工作。

(5) 附属设施方面

在消防系统、通风系统、照明系统和标识系统方面,北京《城市综合管廊工程设计规范》及技术要点比日本《共同沟设计指南》规定更加详细和明确,操作性更强。关于综合管廊的消防系统和火灾自动报警系统,北京《城市综合管廊工程设计规范》对电力舱和天然气舱室火灾报警系统的设置要求较严格,对于保障管廊的安全运行起到重要支撑作用。

2. 北京与以法国为代表的欧洲国家综合管廊技术指南对比

经调研,欧洲国家、新加坡、中国香港地区没有专门的综合管廊相关的工程技术标准、设计规范。综合管廊设计环节需要参考国家和地区不同管理部门发布的通用技术标准、规范。

以北京市《城市综合管廊工程设计规范》(以下简称《北京设计规范》,DB11/1505—2022)和法国《城市综合管廊实用指南》(以下简称《法国实用指南》)分别作为代表国内和欧美国家城市地下综合管廊标准对比的基础样本,对管廊标准指南的核心内容、项目工作阶段、适用人员和工程对象、涉及专业领域、章节构成、条款数量、条文特点等开展对比分析。

总体上看,《北京设计规范》与《法国实用指南》所覆盖的项目阶段和针对的专业问题范围不同。《法国实用指南》以管廊建设使用的全生命周期综合管理为对象,适用于管廊的规划、项目策划、工程设计建造、管廊运行管理、财务量化分析、管廊参与主体的法律地位关系调节、投融资关系及利益分配、管线入廊程序及权属关系等的管廊项目的全链条各阶段。《北京设计规范》以管廊项目的工程建设阶段的设计环节作为技术管理的核心对象,适用于管廊项目的前期规划、总体设计、施工图设计等工程建设为主导的工程技术问题。读者对象和专业范围方面,《法国实用指南》的读者范围和专业范围更广,包括政府官员、项目投资者、专业人员的多样化群体;涉及公共管理、财务、法律、工程、经营等多学科专业领域。《北京设计规范》的读者范围和专业较为单一,主要为工程技术和项目投资管理者,涉及市政管线、土木工程及配套专业领域。

《法国实用指南》是在"国家管廊关键技术研究项目"(1999年)经过4年研究的基础上,结合研究成果总体结论建议、国家相关技术标准、政策法规和行业准则,于2005年完成编写出版的指导城市综合管廊项目的规划建设与使用的综合性指南。《法国实用指南》注重将非技术性因素,如投资主体、安全组织、运营管理、财务分析决策、管廊各主体的合规性、合同投融资分配与法律规制、管线入廊法律程序等,作为管廊项目建设与使用的重要环节。

《北京设计规范》是为管廊工程规划建设阶段的工程技术人员编写的技术性规范。《北京设计规范》与《法国实用指南》相比,相当于管廊全链条工作指南中的工程技术环节。《北京设计规范》在管廊的信息化理念上更为领先。应当结合北京市本地情况和特点,通过科学分析城市综合管廊设施的本体技术特征和社会经济环境影响要素相关性,进一步修订和完善现行《北京设计规范》的编写内容和编写方法。

城市综合管廊建设应针对不同条件和情况,有多级的建设标准和多样的管廊模式。因此,在管廊具体建设模式上,宜强调因地制宜、多种技术方案对比。在管廊建设目标控制上,形成技术、财务、法律相互支撑的闭环架构,即技术上既要解决管廊可行性问题,也要围绕成本、风险、运行管理方便问题进行考虑和迭代优化,取得整体的先进性,而非技术的独自先进性。与《法国实用指南》相比,现行《北京设计规范》在规划条文的内容偏于原则性规定,技术操作性指导不足,仅能发挥在工程设计中遵守和衔接上位规划的约束作用。

3.《北京设计规范》修订完善建议

(1)修订前期准备工作阶段

借鉴欧美城市综合管廊研究思路和标准指南编写经验,参照《法国实用指南》的编写逻辑和思路,改进和完善现行《北京设计规范》的条例和条文组织模式。按照管廊本体技术特点,以管线入廊后在功能、安装、运行、安全风险等方面问题为导向,梳理和优化技术条文内容、参数选择和排序。定位《北京设计规范》在适用对象方面,宜强调面向公共投资建设和公共安全、公共效益的管廊建设使用管理和统一技术规定。针对因地制宜原则,进行管廊重要性和保障性综合分级,适应不同场合和地段条件,鼓励多样化管廊空间模式创新,强化安全风险控制策略,提高社会经济环境综合效益。

(2)修订工作阶段

鉴于《北京设计规范》侧重工程设计阶段技术问题的解决和规范化,对规划章节的内容适当调整。

① 考虑弱化规划编制,改为"规划衔接",即工程设计方案衔接上位规划的原则性条文。工程设计阶段应贯彻管廊专项规划的编制意图和目标,因地制宜优化具体项目的总体设计布局,明确管廊规划的具体服务目标和对象,提高管廊项目建设使用的综合效益和规划目的实现度。

② 若强化规划内容,则可将前期规划、项目策划、规划整合的操作方法等集中编写。

③ 提高《北京设计规范》定位、结构、内容和条文的整体质量。考虑参照《法国实用指南》的编写逻辑和思路,改进和完善现行《北京设计规范》体例和条文组织模式。条文内容涉及的技术要点方面,遵从因地制宜原则,借鉴思路、措施本地化。

(3)后期与规范配套的全生命周期、全链条标准体系建设

① 借鉴亚洲地区以及欧美城市管廊长期建设使用发展的经验和近期研究成果,完善北京市城市综合管廊全生命周期、全链条标准体系。在现有《北京设计规范》基础上,逐渐建立基于工程技术方案、综合效益测算、法律基本框架的城市综合管廊建设使用的闭环支撑体系。为政府和投资决策、项目经营管理、功能安全实用提供更科学、合理、有效的标准体系和专业化的操作依据。

② 根据管廊不同类型给出管廊内的通用节点和特殊部位的推荐做法,如通风口、集水坑、变形缝、防水做法、附属金属构件等,这些都有利于综合管廊的标准化建设。综合管廊的建设范围大、涉及专业多、涵盖面广,仅依靠一本技术规范无法从细节上规范综合管廊的整个建设过程,而对于管廊涉及的各个专业以及一些重要专项,诸如防水技术、非开挖技术、预制装配技术等,其技术标准并未考虑综合管廊的特殊性。因此迫切需要结合管廊建设和发展的实际需求,建立一个完整的、指向性明确的、层级分明的综合管廊标准体系。

第2章 综合管廊规划技术

2.1 规划内容及方法

2.1.1 规划内容

综合管廊建设规划应合理确定综合管廊建设区域、系统布局、建设规模和时序,划定综合管廊廊体三维控制线,明确监控中心等设施用地范围。综合管廊建设规划宜根据城市规模及规划区域的不同,分类型、分层级确定规划内容及深度。综合管廊建设规划编制内容主要包括:

(1)分析综合管廊建设实际需求及经济技术等可行性。

(2)明确综合管廊建设的目标和规模。

目前我国综合管廊尚处于初期阶段,其建设依然是以国家层面推行管廊"试点城市"为主,这使得一些经济、人口、需求不达标的中小城市纷纷投资建设综合管廊,由于相关规划理论和准入门槛的缺失,使得许多城市规划的综合管廊规模与自身的需求相去甚远,在多地已建成的综合管廊项目中频频出现管廊空置,后期的管理运营难以维持的现象。因此,合理确定综合管廊建设规模,确保综合管廊规模既能符合城市需求,又能达到最优系统能力的规模,保证管廊建成后无空置现象,同时满足沿线周边使用需求。影响综合管廊合理规模的主要因素有城市需求、城市空间形态布局、城市规模(包括人口、面积两个部分)、城市国民生产总值(GDP)、城市基础设施投资比例、城市地下空间发展战略、国家相关政策等。因此,在进行综合管廊规划时,应细致分析上述有关因素的影响。

(3)划定综合管廊建设区域。综合管廊的建设区域分析是综合管廊规划的重要部分,也是综合管廊规划中的难点。根据《城市综合管廊工程技术规范》(GB 50838—2015)有关要求,当遇下列情况时,工程管线宜采用综合管廊的方式集中敷设:

① 交通运输繁忙或地下管线较多的城市主干道路以及配合轨道交通、地下道路、城市地下综合体等建设工程地段;

② 城市核心区、中央商务区、地下空间高强度成片集中开发区、重要广场,主要道路交叉口、道路与铁路或河流交叉处、过江隧道等;

③ 道路宽度难以满足直埋敷设多种管线的路段;

④ 重要的公共空间;

⑤ 不宜开挖路面的路段。

依据《城市地下综合管廊工程规划编制指引》,敷设两类及以上管线的区域可划为管廊建设区域。高强度开发和管线密集地区应划为管廊建设区域,主要是:

① 城市中心区、商业中心、城市地下空间高强度成片集中开发区、重要广场,高铁、机场、港口等重大基础设施所在区域;

② 交通流量大、地下管线密集的城市主要道路以及景观道路;

③ 配合轨道交通、地下道路、城市地下综合体等建设工程地段和其他不宜开挖路面的路段等。

结合综合管廊布局规划经验的分析和总结,综合管廊规划应从现状用地情况、区域功能结构、用地功能布局、建筑密度分区、地下空间利用规划、城市更新规划、管线需求密集区域等几个因素进行考虑,拟确定以下几点作为综合管廊建设区域划定的原则。

① 高强度开发区。城市核心区、中央商务区的建筑密度高,人口密集,交通繁忙,道路通畅要求高、经济和社会地位高,若因管线事故、频繁的管线扩容造成路面开挖,会对城市的形象、经济等方面造成不利影响。

② 地下空间高强度成片开发区。地下空间高强度成片开发区一般与城市核心区、中央商务区存在一定的重叠,高强度、成片的地下空间开发对城市地下管线的敷设增加了难度,给城市综合管廊的建设带来机遇。

③ 城市新建区和更新区。在城市新建区和城市更新区建设综合管廊具有一定的相似性,区内规划建设综合管廊所遇到现状情况的阻碍较少,工程操作可行性高。结合城市新建和更新的时序推进综合管廊的建设可在一定程度上降低施工难度和造价。

④ 城市近期建设重点地区。城市近期建设的重点地区内的新建或改造道路工程,城市更新片区的整体拆除重建工程等,为综合管廊的近期实施提供良好的条件,因此在近期规划部分,应重点结合城市近期建设地区。

⑤ 管线需求密集区域。根据规范和规划编制指引的要求,管线密集地区应作为综合管廊的建设区域进行考虑,因此应在充分调研现状管线和规划管线需求的基础上,绘制出管线密集区域,作为分析管廊建设区域的重要条件之一。

根据以上分析,综合管廊建设区域分析的技术路线如图 2-1 所示。将城市建设区中管线需求高密度区和高密度建设区划为宜建区,将城市建设区中非高密度建设区和地质条件不适宜区域划为慎建区,然后结合城市更新、新开发区、地下空间高强度成片开发区和近期重点建设区域,在宜建区范围内划定优先建设区。

(4)统筹衔接地下空间及各类管线相关规划。

(5)考虑城市发展现状和建设需求,科学、合理确定干线管廊、支线管廊、缆线管廊等不同类型综合管廊的系统布局。

综合管廊建设规划应根据城市功能分区、空间布局、土地使用、开发建设等,结合管线敷设需求及道路布局,确定综合管廊的系统布局和类型等。综合管廊系统布局应综合考虑不同路由建设综合管廊的经济性、社会性和其他综合效益,重点考虑对城市交通和景观影响较大的道路,以及有市政主干管线运行保障、解决地下空间管位紧张、与地铁、人民防空、地下空间综合体及其他地下市政设施等统筹建设的路段。综合管廊系统布局应从全市层面统筹考虑,在满足各区域综合管廊建设需求的同时,应注重不同建设区域综合管廊之间、综合管廊与管网之间的关联性、系统性。综合管廊系统布局应在满足实际规划建设需求和运营管理要求前提下,适度考虑干线、支线和缆线管廊的网络连通,保证综合管廊系统区域的完整

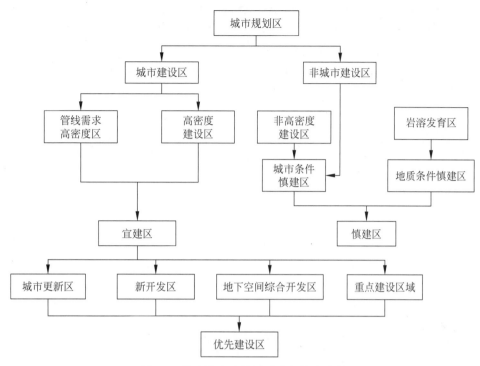

图 2-1　综合管廊建设区域分析技术路线

性。综合管廊系统布局应与沿线既有或规划地下设施的空间统筹布局和结构衔接,处理好综合管廊与重力流管线或其他直埋管线的空间关系。

（6）确定入廊管线,对综合管廊建设区域内管线入廊的技术、经济可行性进行论证;分析项目同步实施的可行性,确定管线入廊的时序。

（7）根据入廊管线种类及规模、建设方式、预留空间等,确定综合管廊分舱方案、断面形式及控制尺寸。

综合管廊断面形式可分为矩形、圆形或马蹄形,主要根据施工方式等因素分析确定。其中矩形断面空间利用率高、维修操作和空间结构分隔方便,因此当具备明挖施工条件时往往优先采用矩形断面;圆形断面和马蹄形断面空间利用率相对较低,但圆形断面受力性能好,马蹄形断面受力也优于矩形断面,当不具备明挖法施工条件时,采用顶管或盾构法施工时优先采用圆形断面;采用暗挖法施工时,优先采用马蹄形断面。

（8）明确综合管廊及未入廊管线的规划平面位置和竖向控制要求,划定综合管廊三维控制线。

（9）明确综合管廊与道路、轨道交通、地下通道、人民防空及其他设施之间的间距控制要求,制定节点跨越方案。

（10）合理确定监控中心以及吊装口、通风口、人员出入口等各类口部配置原则和要求,并与周边环境协调。

（11）明确消防、通风、供电、照明、监控和报警、排水、标识等相关附属设施的配置原则和要求。

（12）明确综合管廊抗震、防火、防洪、防恐等安全及防灾的原则、标准和基本措施。

（13）根据城市发展需要，合理安排综合管廊建设的近远期时序，明确近期建设项目的建设年份、位置、长度等。

（14）测算规划期内的综合管廊建设资金规模。

（15）提出综合管廊建设规划的实施保障措施及综合管廊运营保障要求。

2.1.2　规划方法

编制综合管廊建设规划可遵循以下技术路线，具体技术路线如图 2-2 所示。

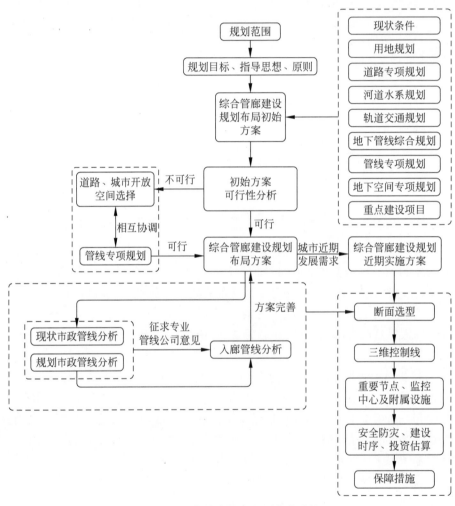

图 2-2　综合管廊建设规划技术路线

（1）依据上位规划及相关专项规划，合理确定规划范围、规划期限、规划目标、指导思想、基本原则。

（2）开展现状调查，通过资料收集、相关单位调研、现场踏勘等，了解规划范围内的现状及需求。

（3）确定综合管廊系统布局方案，主要包括：①根据规划建设区现状、用地规划、各类管线专项规划、道路规划、地下空间规划、轨道交通规划及重点建设项目等，拟定综合管廊系统布局初始方案。②对相关道路、城市开放空间、地下空间的可利用条件进行分析,并与各类管线专项规划协调,分析系统布局初始方案的可行性及合理性,确定综合管廊系统布局方案,提出相关专项规划调整建议。③根据城市近期发展需求,如新区开发和老城改造、轨道交通建设、道路新改扩建、地下管线新改扩建等重点项目建设计划,确定综合管廊近期建设方案。

（4）分析综合管廊建设区域内现状及规划管线情况,并征求管线单位意见,进行入廊管线分析。

（5）结合入廊管线分析,优化综合管廊系统布局方案,确定综合管廊断面选型、三维控制线、重要节点、监控中心及各类口部、附属设施、安全及防灾、建设时序、投资估算等规划内容。

（6）提出综合管廊建设规划实施保障措施。

2.2　规划实践

1）相关规划编制情况

2015年,北京市编制完成了《北京市综合管廊布局规划》。该规划首先构建干线综合管廊的骨架,以干线综合管廊骨架为基础,结合新城、城镇组团、功能区发展干线、支线综合管廊编制而成。缆线综合管廊结合干线、支线管廊系统布局和市政需求,在相关道路上统筹安排。2016—2017年,北京市编制完成了《北京市轨道交通网综合管廊布局规划》,随着《北京市综合管廊布局规划》的落实和深化,中心城综合管廊整体布局得到优化。基于轨道交通沿线市政需求分析综合管廊的建设可行性,综合管廊系统加强了中心城市市政管网系统北部和东南部的联通。2020年,在对综合管廊规划实施评估基础上,编制完成了综合管廊专项规划。

2）规划目标

统筹北京市各区道路建设、功能区建设、轨道交通工程等的建设时序和市政管线建设需求,科学合理制定北京市各区综合管廊的布局规划,加强多部门、多行业的建设规划协调,统筹和集约化利用有限的城市地下空间资源,加快形成和完善市政管线系统通道,加强市政管线骨干网络的构建与系统完善,整体提升城市市政管网系统服务能力和安全水平,提高市政系统整体服务能力和安全可靠性,提升市政基础设施的保障能力。

根据《北京城市总体规划（2016年—2035年）》,按照先规划、后建设的原则,科学构建综合管廊体系。到2035年建成综合管廊长度达450km。重点在北京城市副中心、丽泽金融商务区、北京大兴国际机场等地区,结合地下空间综合开发同步建设综合管廊。

3）规划内容

依托北京市"一核一主一副、两轴多点一区"的城市空间结构,适应不同分区的特点,坚持适度超期、经济集约的原则,平稳有序推进干、支和缆线廊的建设。结合市政干线系统规划、综合交通系统规划,科学统筹、充分论证综合管廊建设的必要性、可行性和经济性,提出干线管廊规划和控制要求;根据新城区、各类园区、成片开发区的建设需要,合理布局支线管廊；结合智慧城市建设、架空线入地等工程，同步推动缆线管廊的建设。

4）规划布局

首都功能核心区结合城市更新、架空线入地、老旧隐患管线改造，有序推进小型管廊和缆线管廊建设。结合新建轨道线路和主要道路改扩建，因地制宜建设节点型管廊，为管廊穿跨越预留实施条件。中心城区依托石景山区首钢、朝阳区东坝、丰台区丽泽等重点功能区和轨道交通、城市道路建设，构建中心城区综合管廊骨架体系。城市副中心结合行政办公区、文化旅游区、城市绿心等重点地区和重大项目，在新开发区域、地下空间开发强度大的地区建设综合管廊。怀柔科学城、未来科学城、大兴国际机场临空经济区等重点功能区，因地制宜构建各具特点的综合管廊系统。

2.3　规划创新

2.3.1　绿色管廊

绿色管廊是指在综合管廊的规划、设计和施工过程中，在确保工程施工安全及工程质量的同时，依靠科学管理及技术进步进行资源优化配置，达到节约资源和能源及环境保护的目的，从而实现可持续发展的工程建设生产活动。综合管廊绿色建造的目标是节能、节地、节水、节材和环境保护以及高效低成本，其实现手段包括绿色规划、绿色设计、绿色施工，实现过程中需要遵照线路最优、断面最优、资源投入最少、废弃物排放最少、对周边环境影响最小等原则。例如，冬奥会综合管廊很好地体现了绿色管廊的规划设计理念。在冬奥会综合管廊项目规划之初，就围绕"绿色办奥"理念，开展了生态保护与修复、节能减排规划设计等工作。

2022年冬奥会延庆赛区外围配套综合管廊（简称冬奥管廊）是中高山隧道综合管廊，是为保障冬奥会延庆赛区造雪用水、生活用水、再生水排放、电力、电信、有线电视转播等市政能源需求的重要市政基础设施，是赛区的"生命线"。规划建设冬奥管廊取代水务管线隧洞敷设、电力及电信管线架空敷设的传统建设形式，最大限度减少工程建设对环境敏感区生态环境的影响，最大限度降低工程建设与赛区场馆建设等项目的交叉影响，能够兼顾工期、建设、投资及景观等因素，同时有助于提高入廊管线的可靠性，能够提供奥运期间市政能源管线较高的保障率。通过坚守集约节约用地、成本管控原则，精准协作，科学经济地规划冬奥管廊规模，为赛区用水、电力及电信等提供基础保障。规划建设冬奥管廊，以最小化管廊建设对生态环境影响为导向，以减少地表植被破坏、保护地下水系为原则，管廊总体布局避开自然保护区核心区及缓冲区，统筹考虑周边城镇及村落市政需求，规划管廊总体及出支方案，同步开展生态建设及生态修复工作，以生态建设为统领实现绿色办奥。着力做好生态修复、绿色减排、附属景观一体化，一年四季都是景。

在冬奥管廊设计过程中，采用数字仿真技术并通过实测数据回归优化综合管廊区间通风模型，结合海拔高差达500m的山岭地形和气候特点，对逃生、通风区间进行优化，适当加大了逃生、通风间距。通风设计充分利用自然高差产生的"烟囱效应"，将自然进风、自然排风与机械排风相结合,同时风机改用变频技术,即由定频通风改为变频调速,并根据廊内空气质量调整风机转速,大幅减少通风系统能耗,实现年节省用电量6.4万kW·h,践行了自然保护区内综合管廊生态环保、节能减排规划设计理念。优化项目施工场地、树木移栽方案,进一步做好景区生态保护。冬奥管廊施工期间制定了绿色减排和水资源生态利用专项方案,地下水以防堵为主,不采取直接抽排,减少地下水流失;对于必要的施工排水,设置高标准三级沉淀池和水处理设备,同时对处理之后的水进行循环利用,用于现场洒水降尘、混凝土养护等,最大限度减少水资源浪费。施工采用水压弱爆破,减少振动和噪声对野生动物栖息环境的影响。施工现场夜间施工电焊作业全部加装遮光罩,夜间的所有照明灯具使用柔光照明,减少施工光污染对野生动物栖息环境的影响。同时通过合理规划使用场地,分区管理,最大化利用场地,优化临时占地面积,最大限度减少施工临时占地。图2-3为冬奥管廊进口景观。

图2-3　冬奥管廊进口景观

2.3.2　集约管廊

相比直埋敷设,综合管廊建设一次性资金投入较大,在财政"减收增支"形势下,各级政府过"紧日子",综合管廊项目决策时大多只关注直接建设成本,谨慎上马新建管廊项目,导致综合管廊投资政策与修建综合管廊用于集约统筹地下空间发展的规划理念出现错配,影响其可持续发展。事实上,要把钱真正花在"刀刃"上,应建立系统思维、全周期视角,充分认识到综合管廊对引领浅层地下空间高质量集约发展的重要作用,因地、因时制宜持续推动集约化管廊建设,提升城市品质和综合承载力。在北京大兴国际机场高速公路综合管廊工程、轨道交通 7 号线(万盛南街)地下综合管廊、轨道交通 8 号线三期(王府井)地下综合管廊等项目建设过程中,充分体现了集约节约的发展理念,具体阐述如下。

1) 北京大兴国际机场高速公路综合管廊建设

北京大兴国际机场高速公路综合管廊是随大兴国际机场高速规划建设的。大兴国际机场高速在后查路—庞安路段与大兴国际机场高速公路、大兴机场轨道、京雄高铁、团河路等多个项目路由平行或重叠规划。

首次将高速、轨道交通、公路、地下综合管廊以及铁路 5 种不同交通方式在 100m 宽、近 8km 长的空间内集中布置,统筹集约布置京雄高铁、机场轨道、机场高速、团河路、综合管廊,形成"五线共走廊、共运行"的空间布局,有效集约利用土地资源,共释放土地约 1840 亩 (1 亩 ≈ 666.67m²),减少施工临时占地 625 亩,节约投资约 2.7 亿元。

北京大兴国际机场高速公路综合管廊一期工程规划定位为干线型综合管廊,总长度约 28km,服务于城市总体规划中规划建设综合管廊的重点功能区,是北京市城市综合管廊规划网的重要组成部分,是连接北京市区与北京大兴国际机场的重要市政通道(图 2-4)。该廊道全线为三舱断面,依规划共纳入供水、再生水、电力、通信、燃气 5 类市政管线,改变了传统直埋式地下管线杂乱无章的无序状况,助力了地下空间集约节约利用。通过修建综合管廊,将高压电力、通信等架空线集中敷设,能够显著提升土地资源节约集约利用程度。如不建设综合管廊,架空高压线、各类地下管线需占用道路及两侧地下空间共计 46m,而管廊及剩余直埋管线仅需占用 20m 宽道路,可节约 56% 的地下空间,有效避免了城市土地分割,为城市发展预留宝贵的土地资源,同时为生态廊道建设创造条件,助力打造绿色新国门,实现"穿越森林去机场"。

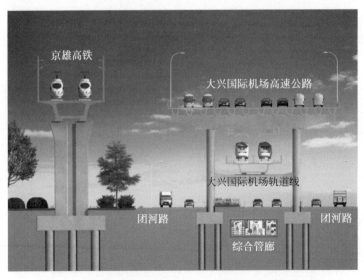

图 2-4　大兴国际机场高速公路综合管廊共构段断面示意

2）轨道交通 7 号线（万盛南街）地下综合管廊建设

轨道交通 7 号线（万盛南街）地下综合管廊服务于首都重要一翼的城市副中心,通过统筹规划范围内的地下空间资源,将综合管廊、地铁车站、地铁区间及地下空间一体化开发结合设置,形成以"道路、管廊、地铁"市政基础设施空间一体化的"三位一体"规划布局,提高地下空间资源利用效能,满足功能集约需求,同时提高了管线和轨道交通运行的安全,并为后期地下空间再开发创造条件,总体实现了同步规划、同步建设和同步运营。综合管廊干线长度 5400m,其中在云景东路站、小马庄站、高楼金站等三个地铁明挖车站范围,管廊位于车站主体上方采取共构形式,长度约 1120m;其余段位于地铁盾构区间上方,长度约 4280m。本工程采用轨道交通、市政管线和综合管廊的统筹共建模式,整体投资可降低约 3.14 亿元。

7 号线东延高楼金站位于万盛南街与颐瑞中路相交路口处,车站主体位于相交路口正下方,车站南侧及道路南红线外为地下空间一体化开发,综合管廊在车站 B1 层的北侧布置,典型断面布置如图 2-5 所示。

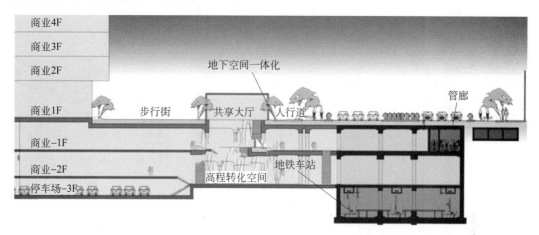

图 2-5 高楼金站综合管廊与地铁车站及一体化空间开发共构横断面布置

7 号线东延云景东路站车站主体位于万盛南街与九棵树中路相交路口正下方,小马庄站车站主体位于万盛南街与将军府东一路相交路口正下方,车站主体中部均为车站风亭和附属设施占用空间,因此综合管廊在车站范围将电力舱和水信舱分离分别布置于车站 B1 层南北两侧,共构典型横断面布置如图 2-6 所示。

万盛南街周边开发建设密集,市政能源需求迫切。万盛南街综合管廊以高质量保障"环球影城""文化旅游区"能源供给为建设目标,全线采用三舱及双舱形式,依规划共纳入电力、通信、给水、再生水 4 类市政管线,在建设过程中同步统筹架空线入地、现状地下改移管线及规划管线一次入廊,通过提升空间资源集约利用程度,为地铁车站周边的一体化开发创造条件,极大程度地保障了交通设施、市政设施全生命周期的安全、高效运行,提升了区域城市品质,为区域绿色、高质量发展奠定基础。综合管廊标准段管线横断面布置如图 2-7 所示。

3）轨道交通 8 号线三期（王府井）地下综合管廊建设

轨道交通 8 号线三期（王府井）地下综合管廊服务于首都核心区王府井商业区,是北京市 2016 年综合管廊重点建设任务之一,是住房和城乡建设部老旧城区及核心区建设综合管

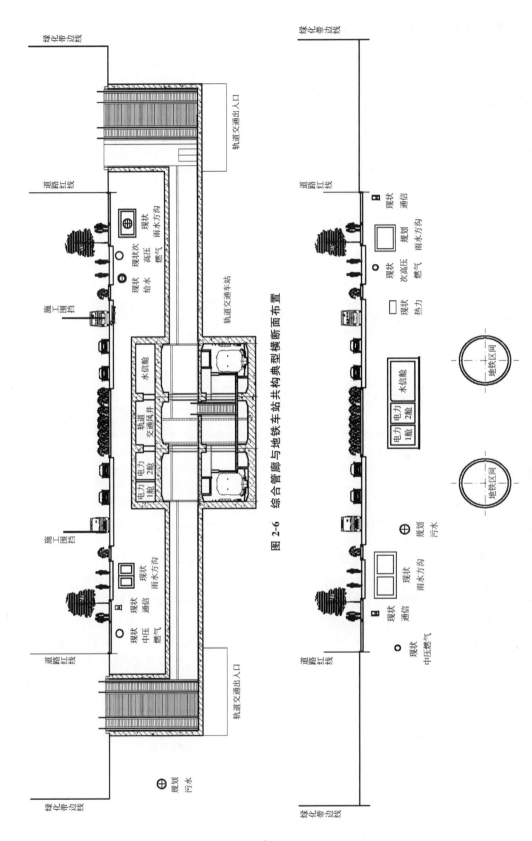

图 2-6 综合管廊与地铁车站共构型横断面布置

图 2-7 轨道交通 7 号线（万盛南街）地下综合管廊标准段管线断面布置

廊的示范与先导。通过克服超大城市老城区商业核心区建设局限性,在交通流量较大、地下管线密集的轨道交通、地下综合体等地段,将综合管廊与轨道交通工程相结合,预留地下开发竖向空间,实现地下空间统筹集约建设。该项目北起地铁 8 号线三期工程右线设计起点,南至东单三条路口北,在 915m 王府井大街下方,沿东、西两侧分别设置综合管廊,全长约1.85km,平面与地铁王府井北站平行。轨道交通 8 号线三期工程在王府井大街地段,由于地面无条件设置降水井,因此设置独立降水导洞进行降水施工,而降水导洞在地铁施工完毕后会作填埋报废处理。本项目利用地铁降水导洞空间作为综合管廊舱室,利用车站端头空间作为综合管廊监控中心,实现与轨道交通同步建设,与地下空间集约统筹,节约地下共构面积近 $5000m^2$,节省投资约 1.6 亿元。图 2-8 为王府井综合管廊平面布局示意。

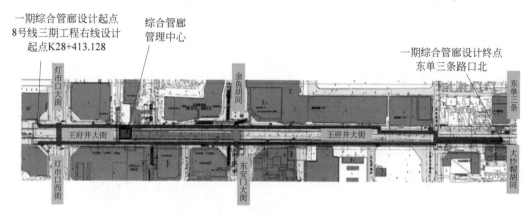

图 2-8　王府井综合管廊平面布局示意

轨道交通 8 号线三期(王府井)地下综合管廊为干支混合型管廊,采用线形构架系统,首尾各连接现状能源输送点和承接点,并由此呈放射状,与沿线各需求用户连接。构建区域内能源输配联络通道,以提高王府井商业街市政管线敷设的安全性和韧性。根据现状市政管线及道路交通影响、环境影响等综合分析,综合管廊沿王府井大街南北向布置,结构采用暗挖工法。外部市政管线均采用在接驳竖井侧壁预留接口的方式与本工程综合管廊连接,既保证北端与综合管廊二期工程的衔接,又满足南北能源输送联通和东西两侧用户需求,实现能源的安全运行,形成区域能输配网的联络。在综合管廊顶部设置分支竖井,实现入廊管线与外部管线连通,满足沿线地块及市政能源需求。

北京市轨道交通 8 号线三期(王府井)综合管廊工程,是在老商业核心区随轨道交通建设的典型综合管廊项目,通过竖向分层,统筹融合地下空间及轨道交通,实现老城区商业核心区提资增效、保障保护历史文化街区营商环境、提高城市基础设施现代化水平、打造国际一流和和谐宜居之都。王府井大街地下空间竖向分为三层建设:浅层空间(−8m 以内)作为开发层;中间层(−8～−15m)作为综合管廊层;次深层空间(−15～−25m)作为地铁车站及区间层。通过统筹考虑空间布局、空间整合,以综合管廊集约敷设市政设施,置换出浅层地下空间,推动浅层地下空间有序化,为王府井大街的地下空间开发预留条件,为地下市政管线的远期扩容预留空间,实现首都核心区地下资源的一体化开发,集约、节约高效利用。在区域地下空间规划的指引下,实现综合管廊等地下空间的集约节约利用。图 2-9 为王府井管廊地下空间竖向分层示意。

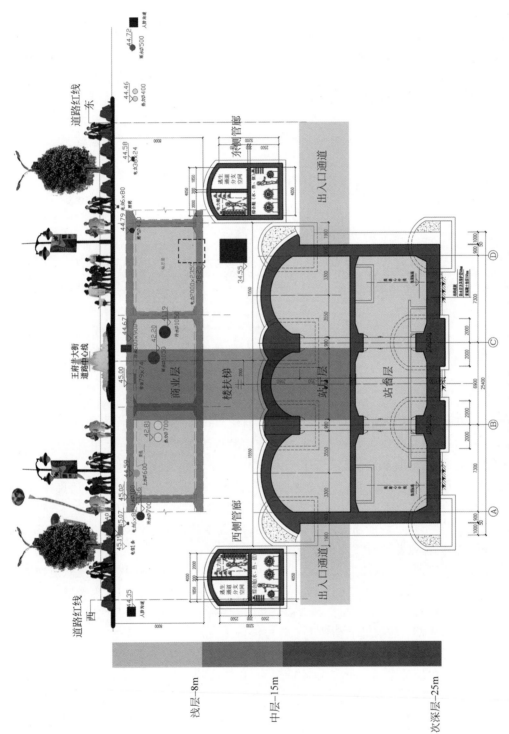

图 2-9　王府井综合管廊地下空间竖向分层示意

浅层-8m

中层-15m

次深层-25m

2.3.3　融合管廊

城市地下空间发展的内在驱动力是不断解决城市地面空间无法满足城市人口进一步集聚的便捷出行、生态宜居、安全等方面需要。城市地上地下一体化开发利用是推动新型基础设施建设、全面推进城镇老旧小区改造，实施城市更新行动，促进城市更健康、更安全、更宜居的必然要求。为进一步推动我国城市地下空间多功能融合发展，发挥地下空间的综合效益，应以地下市政设施、地下交通为触媒，激发和带动其他地下功能设施协同发展，形成以综合管廊、轨道交通网络为骨架，多功能一体化、协同融合的地下空间开发模式。城市地上地下空间一体化发展路径核心是要推动融合管廊发展，具体路径包括两个方面：①以综合管廊集约敷设市政设施，推动浅层地下空间有序化；②以轨道交通融合综合管廊，构建地下空间一体化发展体系。

在综合管廊规划建设、推动浅层地下空间有序化上，应从城市发展需求和建设条件出发，抓住轨道交通建设、地下空间一体化开发、新区建设、旧城更新改造、管线升级改造等有利契机，因地制宜推进综合管廊系统化建设，科学构建由干、支、小型管廊构成的多层次、网络化、系统化综合管廊体系，引导市政设施隐形化、地下化、一体化建设。以管廊建设为契机，发挥管廊集约化、规模化、网络化效益，开展综合管廊与轨道交通、地下物流、地下停车库等地下功能设施深度融合，统筹综合管廊与相关设施的建设时序，确保统一设计、有序建设和协同运行，促进地下空间资源高效利用，提高地下空间开发利用的综合效益。

在轨道交通融合综合管廊发展上，主要通过同步规划、设计、审批、招标、施工验收，利用轨道交通的路径和车站布局合理安排综合管廊系统布局。随新建轨道交通线网同步规划建设随轨道干线综合管廊是实现综合管廊干线骨架的最佳途径，尤其对于老旧城区来说，也是推动城市地下空间集约化、系统化开发利用的重要抓手。

下面将结合轨道交通 7 号线东延(万盛南街)地下综合管廊和轨道交通 3 号线一期综合管廊工程的项目实践，分别从地上地下一体化示范、为城市发展预留通道两方面阐述融合管廊的规划理念。

(1) 地上地下一体化示范

轨道交通 7 号线东延(万盛南街)地下综合管廊统筹了市政管线和轨道交通为代表的各类地下市政基础设施，将综合管廊、轨道交通和地下一体化开发空间进行充分融合，合理利用地下各层空间，提高了规划范围内的地下空间资源利用效能。在 7 号线东延高楼金站范围，地上及地下三层为地铁车站主体，车站地下一层北侧为综合管廊空间，车站南侧为地下一体化空间开发空间，是多空间融合建设的典型示范。图 2-5 为高楼金地铁站与综合管廊、周边土地开发一体化结合示意。

(2) 为城市发展预留通道

轨道交通 3 号线一期综合管廊工程位于北京朝阳区，主要沿农展馆南路、姚家园路及东坝大街，总长约 9.0km，分东西两段进行建设。项目建成后与在建东坝中路综合管廊贯通，形成一条连接市区东北部及中心城区的完整综合管廊系统。本工程与在建轨道交通 3 号线(东坝中路)管廊工程的相连，串联中心城建成区和新建区，连接多个能源场站(第十水厂、东北热电中心、酒仙桥再生水厂、高安屯再生水厂、15 座变电站(其中 500kV 1 座，220kV 5 座，110kV 9 座))，实现为中心城区"补短板"、提供市政干线通道，为 CBD500kV 变电站提供便捷的出线路径;为东坝边缘集团新建区提供高品质能源供给;进一步完善中心城供水干线管廊,提高供水安全系数。本工程的实施有助于提升中心城市市政基础设施服务水平和综合承载能力。3号线一期综合管廊沿线穿越多条铁路、河道、轨道线,在地下构筑物多且复杂的节点,受多条轨道线、河道、桥桩的影响,以综合管廊的形式穿越,为管线预埋通道,有利于后期的市政管线按规则实施、持续推进地下管线管理,提高城市安全韧性。

2.4　规划发展态势

随着我国综合管廊发展的日益成熟,综合管廊规划从注重长大干线型管廊建设向干线—支线—小型综合管廊体系构建转变。从城市发展需求和建设条件出发,持续发力"三随一结合"(随新建功能区、随轨道交通、随新建道路、结合老城更新与土地一级开发)综合管廊,因地制宜推进综合管廊建设。科学构建级配化、多层次、网络化、系统化综合管廊建设体系,扩展小型综合管廊布局统筹与轨道交通共建形式,发挥综合管廊整体效益,提高综合管廊规划的科学性与可实施性。

为推进综合管廊健康有序规划建设,应结合区域特点,因地制宜开展综合管廊建设。城市新区、各类园区、成片开发区域的新建道路要根据功能需求,同步建设地下综合管廊,推动浅层地下空间有序化发展,解决普遍存在的新区道路、市政管网与周边地块建设时序不匹配的难题。老旧城区因地下管线赋存时间长、老化严重、架空线杂乱无序且缺少统筹,安全隐患大,管线升级改造需求迫切,同时道路窄、地上地下空间有限、房屋基础浅,是目前我国综合管廊建设的重点和难点区域。老旧城区要结合旧城更新、道路改造、河道治理、地下空间开发等,因地制宜、统筹安排,推动以单舱、浅埋、多管线共舱、轻量化附属系统为主要特点的集约化小型管廊建设,服务末端用户,以敷设中低压电力电缆、通信及有线线缆为主,可考虑纳入给水、再生水等末端配水管道,从而为老旧城区市政管网"毛细血管"提供良好赋存环境,并为远期管线扩容创造良好条件,打造老旧城区安全、可靠、智慧的市政基础设施体系。

2.4.1　小型综合管廊规划

我国地下综合管廊需求量大,发展前景广阔。综合管廊的合理布局及科学有序的可持续发展,既是保障城市市政设施运行安全的需要,也是贯彻落实国家各项政策精神,进一步推进国家治理体系和治理能力现代化,提升城市尤其是北京等超大城市精细化管理水平,高质量提供城市基础设施的客观要求。另外,2019年北京市发布《北京市发改委、北京市财政局关于加强市级政府性投资建设项目成本管控若干规定(试行)》(京发改[2019]990号),加大了市级政府性投资建设项目成本管控的力度,综合管廊因地制宜、有序集约发展提上日程,小型综合管廊以其较低的建设、运营费用,迎来发展契机。

小型综合管廊的建设不仅可以解决老旧管线改造、架空线入地等问题,还能促使地下空间融合,节省管线排布空间,优化城市景观,促进城市更新工作,此外也具备增设市政新基建的扩展能力。在首都核心区及其他密路网区域中,由于道路空间狭小,不具备建设常规综合管廊的基本条件,小型管廊便成为解决该区域地下管线问题的最优对策,并且有望成为推进首都重点片区城市更新工作的重要抓手。图2-10为老旧城区小型管廊示意。

图 2-10 老旧城区小型管廊示意

北京市小型管廊规划方面制订以下 3 个举措:

1) 落实首都总规控规,因地制宜科学布局

按照《北京城市总体规划(2016 年—2035 年)》中综合管廊的规划战略及建设目标为到 2020 年建成综合管廊长度由现状约 12.5km 提高到 150~200km,到 2035 年达到 450km 左右。截至 2020 年年底,北京市建成管廊约为 200km,距离 2035 年 450km 要求还有一定差距。作为投资低、工期短、见效快的小型管廊,不仅从布局上可以完善管廊规划系统,还可以提高整个城市的管线运行效率,构建安全、可靠、智慧的市政基础设施体系,缓解重点片区日益严重的能源供应与基础设施不足的困扰。片区化小型管廊布局将成为首都城市布局的重要组成部分,集约化的小型管廊将会在城市更新工作中发挥重要作用。

在核心区建设小型管廊,要强化规划引导,结合街区更新建设时序,从需求角度入手,将小型管廊的建设同步纳入街区综合实施方案中。同时,因地制宜地对小型管廊适用区域进行合理界定,科学布局,统一规划,分期建设,注重近期规划与远期规划的协调统一,更好地发挥小型管廊服务街区的功能。

在其他重点片区也应以首都总体规划和管线综合规划为依据,与各类市政管线的专业规划衔接,满足市政管线的容量需求和技术要求,充分发挥"管廊服务管线,管线服务城市"的功能。同时,结合区域的特点、规模等,利用不同的形式构成干线、支线两级或干线、支线、户线三级体系的小型管廊系统布局。

2) 统筹地下空间布置,消隐地上管线井盖

小型管廊的建设要坚持融合发展,建设友好型市政基础设施,强化市政专业整合和空间环境融合的理念。将多种市政管线集于管廊本体内,统筹地面设施,统一地下空间布置。此外,便捷的管线更换方式使城市告别过去频繁封路破路埋管的局面,极大地提高了市政管网的结构安全性和运营维护安全性。

在核心区按照单舱、多种管线共舱进行小型管廊建设,最大化地集约地下空间布置,解决传统直埋管线空间利率低的问题。将电力、电信、热力、给水、中水、雨水等管线纳入同一舱室,可以解决核心区地下管网不通畅、雨污不分流等问题。按照统筹地下管线,集中布置出地面设施的方式,较常规直埋管线布置减少 90% 以上的井盖,并可将市政箱变入地消隐,保障安全、优良环境的同时,净化了城市空间环境,改善了百姓宜居环境,构建优质均衡的公共服务体系,为创建和谐宜居之都的首善之区提供基础设施保障。

在其他重点片区应结合区域建设时序,地下空间与城市更新一体化,强化市政管线专业整合,统筹新建道路及小型管廊、管线的建设。根据区域能源需求,采用组合排管或者共舱小型管廊的模式,优化地下空间利用,为后续地下空间扩容做预留,永久性解决后续更换管道破路的问题。同时,出地面附属结构与城市景观、城市家具相融合,匹配城市第五立面。

3)革新行业管理机制,健全行业管理制度

地下管廊从规划建设到运营、维护、更新是一个长期的过程,安全、平稳的运营维护管廊和管线是贯穿小型管廊全生命周期的重要问题。借鉴国外地下管廊建设的相关经验,量身打造管线管廊统一化的专业管理团队,能够最大限度地确保管廊建设有序可控、管廊运营维护安全可持续,同时可鞭策管廊管理运营机制的更新,确保运营维护工作与时俱进。

无论在核心区还是在其他重点片区,小型管廊作为片区管线管网的中枢神经和血脉网络,其规划建设管理模式对后期的管线管廊安全起到至关重要的作用。由于纳入管线种类多、检修空间小等原因,建议由一家公司统一负责管廊和管线的规划、建设、运营,解决目前由于产权单位不一致产生的管理交叉问题,以及权属不一致产生的费用叠加问题,同时可以极大地降低政府财政补贴,达到降本增效的目的。

2.4.2　随轨综合管廊规划

我国轨道交通大规模快速发展为城市地下综合管廊的建设和发展带来机遇。截至2021年12月31日,中国内地累计50个城市开通城市轨道交通运营线路,总长度9206.8km。其中地铁运营线路7209.7km,占比约78.3%。"十三五"期间,通过试点建设引动,我国已实施了"规划超过10000km;建设超过8000km;运营超过4000km",综合管廊(干线＋支线)的总长度已超过日本及世界上任何一个国家,已成为全球综合管廊单体单线及总量规模最大,建设速度最快,数字化、信息化、智能化运营维护标准最高的国家。

2015年8月10日《国务院办公厅关于推进城市地下综合管廊建设的指导意见》(国办发〔2015〕61号)、2017年5月17日住房和城乡建设部、国家发展改革委发布的《全国城市市政基础设施建设"十三五"规划》、2020年12月30日住房和城乡建设部印发《关于加强城市地下市政基础设施建设的指导意见》(建城〔2020〕111号),都明确提出:综合管廊工程结合轨道交通、加强城市地下空间利用和市政基础设施建设的统筹、城市地下市政基础设施建设协调机制更加健全,城市地下市政基础设施建设效率明显提高,安全隐患及事故明显减少,城市安全韧性显著提升。

在城市中心区、高密度建成区、城市老城区等受地面施工条件限制,不宜大范围破除路面、迁改管线、疏解交通,采用大规模明挖工法实施性较差时,可以结合轨道、地下道路等工程建设。综合管廊与轨道区间段宜分开设置,与轨道站点宜结合设置。

随轨道建设时,综合管廊宜采用盾构法施工并与地铁盾构区间同期施工,将轨道区间段与综合管廊同步设计、同步施工,充分利用盾构井等设施。综合管廊与轨道站点宜同步设计、同步实施,确保综合管廊与地铁站点共建的可行性。

1)随轨综合管廊适用性

随轨建设综合管廊需要结合轨道区间段及轨道站点的位置,合理布置综合管廊位置,一般可以布置在机动车道、道路绿化带下。综合管廊的覆土深度应根据地下设施竖向规划、行车荷载、绿化种植、设计冻深及施工工艺等因素确定。综合管廊与城市轨道交通同路由布置、采用盾构施工时,综合管廊盾构区间段与轨道交通区间段平面净距应满足安全需要,最小净距不宜小于地铁隧道外轮廓直径。随轨建设的综合管廊中,宜纳入110kV及以上电力电缆、DN800及以上给水管、通信等管线,不宜纳入服务性市政管线。燃气管线、污水管线、雨水管线不宜纳入随轨建设综合管廊。大型给水管线(DN1200以上规格给水管)应进行经济技术比选分析后再确定是否纳入综合管廊。综合管廊断面形式应根据道路断面、地下空间限制、纳入管线的种类及规模、建设方式、预留空间、经济安全等因素确定。采用暗挖法施工的综合管廊断面可采用圆形或者马蹄形断面。综合管廊断面应满足管线安装、检修、维护作业所需要的空间要求。综合管廊内的管线布置应根据纳入管线的种类、规模及周边用地功能确定。

2）随轨综合管廊规划建设类型

经过近6年探索,随轨综合管廊发展类型日趋明确,主要思路是:参照轨道交通全生命周期规划、建设及运营三个阶段,统筹市政管线规划、消隐改造和拆改移等需求,建设市政干线通道型和以管线规划、拆改移或消隐改造为主的节点型两大类综合管廊。具体来说,①在轨道交通线网规划和项目可研阶段,研究建设市政干线通道型和规划节点型管廊。②在轨道交通建设阶段,研究建设以管线拆改移为主的节点型管廊;节点型管廊主要建设在换乘站、一体化开发、管线改移多及车辆段周边市政引入等区域,主要为轨道交通人性化设计提升品质、集约利用城市地下空间,以及为轨道交通运营安全及城市市政通道提供服务。③在轨道交通运营阶段,建设以整合地下空间集约利用,保障轨道交通安全运营的穿越节点型管廊,解决轨道运营期市政管线多年、多次、多管线主体穿越地铁分散、不统一的问题,通过统筹轨道交通沿线地下空间穿越资源以及服务轨道交通保护区周边的市政管线消隐改造、扩容改造和管线入廊等市政穿越需求,积极推进轨道交通沿线综合管廊、市政管线融合发展。

随轨道交通同步建设干线、节点综合管廊,通过统筹地下空间整体布局,集约敷设规划需求市政管线及轨道交通建设引起的拆改移市政管线,不仅能将轨道交通管线拆改移工程由费用化转变为资产化,降低工程建设成本和实施难度,而且为后续规划或扩容管线穿越轨道交通、城市重要节点创造条件,降低穿越成本与穿越风险,提高轨道交通保护范围内市政管线供给保障,提升轨道交通和综合管廊建设发展水平。

第3章 综合管廊工程设计创新与优化分析

3.1 总体设计

综合管廊设计是依据综合管廊有关标准规范开展的对综合管廊规划的落实,对综合管廊综合效益的充分发挥起到至关重要的作用。影响综合管廊综合效益的主要设计因素包括断面类型及尺寸、设备系统配置、附属设施布置等。完善综合管廊标准体系,推动精细化设计,是基于设计因素开展综合管廊降本增效的重要抓手。近年来不断积累的综合管廊工程规划建设、运营维护管理经验及相关创新研究成果,为综合管廊标准体系构建及完善、精细化设计水平的提升奠定了坚实的基础。总体上应从管线敷设安全距离优化、紧凑布置管线,管线同舱敷设、断面集约优化、施工工法合理选择,消防与通风等附属设施系统优化,设备功能融合优化等方面开展标准体系优化及精细化设计工作。

3.1.1 概述

综合管廊为系统性工程,在整个城市或区域市政能源流中,只是其中一环,其设计重点是在满足规划条件下,一方面要与其他市政基础设施、周边建(构)筑物、景观绿化等工程有机融合,避免因其建设造成其他市政基础设施,如轨道交通、地下人行通道、地下环卫物流通道等方案不合理或难以实施,影响城市的可持续发展;另一方面不仅能满足舱室内各市政管线的安装、检修和维护管理要求,还能保证廊内管线与廊外直埋管线的顺畅连接,形成完整的市政能源流。

1. 综合管廊总体设计原则

(1) 以综合管廊工程规划为依据

"规划先行"是综合管廊建设的一个重要原则,先规划后建设,可以保证综合管廊工程建设的合理性与前瞻性。综合管廊专项规划作为综合管廊工程设计的指导性文件和法定依据,在集约利用地下空间,统筹综合管廊内部空间,协调与其他地上、地下工程的关系上发挥着重要作用。

在工程实例中,往往会碰到综合管廊专项规划中所限定条件与现实情况有所出入,此时需要组织各管线产权单位、建设方和其他相关单位对原规划进行修编,重新确定综合管廊规划条件,保证工程设计与规划的一致性。

(2) 以适度超前、经济合理、综合实用为目标要求

综合管廊为百年工程,同时也是地下工程,具有投入使用时间长、改造困难和不可逆性,因此在进行综合管廊设计时,应在立足现实的基础上,结合管廊所在区域未来的功能定位、

人口数量及经济发展情况,合理确定入廊管线种类、断面设计和节点形式等,既不盲目求大,也为城市发展预留一定的冗余空间,更好地发挥综合管廊建设的环境效益、社会效益和经济效益。

(3) 以系统性思维为导向进行精细化设计

综合管廊是市政工程设施现代化建设的重要标志,是一项系统性很强的工程。廊体内部涉及的专业至少有给水、排水、电力、通信、广电、燃气、供热等市政管线,廊体外部又与上述各市政管线、道路桥梁、铁路、轨道交通、高压线塔以及其他建(构)筑物等现状及规划条件密切相关,因此,综合管廊总体设计必然要从整体性、系统性做好与上述各项设施的统筹协调,做到精细化设计,实现地下空间资源利用的最大化。

(4) 与廊内各市政管线专项设计同步进行

《城市综合管廊工程技术规范》(GB 50838—2015)中虽然明确了"纳入综合管廊的管线应进行专项管线设计",但在实际工程案例中,一方面是由于目前管线入廊收费机制不健全,产权单位入廊积极性不高,不会为了配合管廊设计而同步招标管线设计单位;另一方面是缺乏统一的组织管理单位,仅依靠管廊建设单位去协调沟通同步设计难度较大。因此管线专项设计滞后,甚至管廊建设完成后管线专项设计仍未开展的情况较为普遍,从而造成管廊总体设计不能很好地契合管线设计,导致日后返工或改造。此类问题,在近几年综合管廊建设过程中屡见不鲜,造成国家投资的浪费。

综合管廊是市政管线的一种敷设方式,其设计应满足管线安装、检修和维护管理的要求,这也是综合管廊设计应达到的基本要求,若达不到此要求,将会失去综合管廊建设的意义及先进性。因此,综合管廊总体设计一定要与廊内各市政管线专项设计同步进行,否则宁可缓建,也不可盲目建设。

(5) 以创新发展理念为引导

综合管廊总体设计应以创新发展理念为引导,目前综合管廊设计规范还较多沿用了20世纪80年代日本编制的《共同沟设计指南》,虽然作为城市"生命线"的各种市政能源输送方式没有发生根本改变,但时代在改变,科技在不断发展,部分管线新的材料、新的敷设方式以及新的城市能源供给方式也在不断涌现。目前我国正处于科技快速发展时期,综合管廊设计不能因循守旧,在满足管线安全运行的前提下,也要大胆创新,采用新的工艺、新的材料,充分体现综合管廊建设的先进性。

2. 综合管廊总体设计主要内容

综合管廊总体设计是综合管廊工程设计的关键环节,对综合管廊使用功能、管线安装、运营维护、人员安全、工程投资、实施风险及景观设计等方面具有关键作用,主要包括空间设计、断面设计、节点设计以及出线设计。空间设计包括综合管廊平面设计及竖向设计,通过合理的空间设计与其他地下、地上管线及建(构)筑物协调,集约整合地下空间,保障能源输送通道安全,控制优化整体投资。断面设计主要是结合入廊管线属性、规格等参数合理选择断面形式,高效布局舱室和排布管线,满足管线的安装及运营维护要求,充分利用管廊断面空间,提高整体效率,降低工程投资。节点设计包括人员出入口、逃生口、吊装口、进风口、排风口、管线分支口等,是保障综合管廊、市政管线安装、运营维护、逃生和廊内环境的重要措施。出地面附属构筑物在满足使用功能、防洪排涝等要求的同时,更要与城市风貌融合、周边景观协调。附属配件设计主要包括与管廊、管线安装及运营维护相关的吊钩、拉环、导轨、盖板、防火门、爬梯、各类套管、支架等的设计。综合管廊出线设计是将管廊内市政能源合理分配到各地块或各分支道路。下面章节将分别从空间设计(主要指外部空间设计,即平面和纵断设计)、断面设计、节点设计和出线设计四个方面对总体设计进行详述。

3.1.2 空间设计

综合管廊空间设计重点在于满足规划三维控制线基础上,确定综合管廊准确的平面位置和竖向标高,协调好综合管廊与其他地上、地下工程的空间关系以及管廊内管线与管廊外直埋管线的衔接关系。

综合管廊平面设计主要内容一方面是明确综合管廊与城市道路、桥梁、直埋管线、河道、铁路及轨道交通等其他与管廊相关的市政基础设施的平面位置关系,固化管廊的空间坐标;另一方面是确定综合管廊系统方案,即综合管廊防火分隔位置及个数,综合管廊人员出入口、逃生口、吊装口、送排风口位置,综合管廊管线分支口位置、个数及出线方式等。

综合管廊纵断设计主要内容是根据综合管廊沿线影响因素、综合管廊节点设计要求、冻土要求、管廊上方种植要求及施工条件和施工工艺等,经济合理地确定综合管廊沿线的竖向标高及与其他市政基础设施在竖向上的位置关系。

综合管廊空间设计的主要原则如下:

1. 平面设计原则

(1) 综合管廊平面中心线宜与道路、铁路、轨道交通、河道中心线平行;综合管廊穿越城市快速路、主干路、铁路、轨道交通时,宜垂直穿越;受条件限制时可斜向穿越,最小交叉角不宜小于 $60°$。

(2) 综合管廊布置在道路两侧地块且对公用管线的需求量大的一侧。

(3) 平面布置需满足与河道、桥梁及其他市政管线的间距要求。

(4) 吊装口、通风口、出入口等附属设施需满足道路景观及功能要求。

(5) 综合管廊平面和竖向转弯半径,应满足综合管廊各种市政管线(主要是热力管、电力缆线)的转弯半径及安装要求。

(6) 综合管廊位置应根据道路横断面、地下管线和地下空间利用情况等确定,在城市建成区还应考虑与地下已有设施的位置关系。

(7) 干线、支线综合管廊优先设置在非机动车道、分隔带、人行道下。

(8) 缆线管廊宜设置在人行道下。

(9) 综合管廊平面、竖向路由应充分考虑相交地铁线路、沿线建筑物地下结构、桩基础、市政管线、河流、规划地块等控制因素的影响。线路设计在满足上述原则的基础上,应尽量优化线形,本着"功能合理、造价经济、施工安全"来合理设计线路。

2. 纵断设计原则

(1) 综合管廊的覆土深度应遵循满足技术要求的同时尽量节约投资。

(2) 综合管廊纵断面应尽量与设计道路的纵断面保持一致。

(3) 当综合管廊与其他地上、地下工程相交时,应通过多方案技术经济比较确定双方交叉方案。

（4）当综合管廊与河道交叉时宜垂直交叉，且宜从河道下部穿越；综合管廊穿越河道时应选择在河床稳定河段，最小覆土深度应按不妨碍河道的整治和综合管廊安全的原则确定，并符合以下要求：①在非航道河道下面敷设，应在河底设计高程1.0m以下；②在灌溉渠道下面敷设，应在渠底设计高程0.5m以下。

（5）综合管廊与相邻地下构筑物最小净距需满足规范要求。

（6）综合管廊的纵坡变化处应满足各类管线设计要求。

（7）综合管廊纵断面最小坡度需考虑沟内排水的需要。

（8）管廊附属设施，如通风口、吊装口设置时应满足人员操作及设备安装空间要求所需要的空间。

（9）管廊满足冻土深及上部的绿化种植的覆土厚度要求。

3.1.3　断面设计

综合管廊断面设计对综合管廊整体方案和工程投资影响较大，虽然其设计成果呈现出来的仅为一张简单的断面尺寸和管线布局图，但却是综合管廊设计的核心。综合管廊的断面设计方案，一方面会直接影响综合管廊内各管线的运行安全、综合管廊各节点设计方案及廊内外管线的衔接方案；另一方面也会影响后期运营维护方案和成本，因此应引起足够的重视。

综合管廊断面设计重点是在确定入廊管线种类和规模条件下，依据管线分舱原则、场地条件、施工工法等因素综合确定断面形式及尺寸大小，是对管廊内部空间的优化设计，不仅要在有限的空间内科学、合理地布置各类管线安装、检修及维护作业空间，还要做到经济最优。

目前，关于断面设计标准及原则在不同地区或同一地区不同项目上存在一定的差异性，主要是因为综合管廊技术标准与部分管线技术标准不一致。

《城市综合管廊工程技术规范》中规定：热力管线和电力管线不能共舱、通信电缆与110kV电力电缆不能同侧布置、天然气管线需单独成舱、热力管线采用蒸汽介质时需单独成舱等。部分企业标准，如《国家电网有限公司十八项电网重大反事故措施》（2018修订版）中规定：综合管廊中110（66）kV及以上电缆应采用独立舱体建设。中性点非有效接地方式且允许带故障运行的电力电缆线路不应与110kV及以上电压等级电缆线路共用隧道、电缆沟、综合管廊电力舱（即10kV电力电缆不能与110kV及以上电压等级电缆共舱）。另外，部分地区给水管线产权单位认为，其与热力管线共舱会引起给水管线温度升高，影响水质安全，要求不能与热力管线共舱敷设等。上述技术标准的不统一，造成不同工程断面设计原则差异较大。

而在实际工程案例中，因综合管廊分舱布置和管线共舱原则存在争议，在实施过程中往往又会因为建设条件、投资控制以及政府协调力度等因素的不同，设计人员对相关技术标准的采用倾向性不同。目前国内已实施的工程中，未按照国家规范及企业标准执行的案例不在少数，如深圳大梅沙-盐田坳综合管廊，实现天然气与给水、污水管线共舱设置（图3-1）；古北水镇综合管廊实现10kV电力电缆、热力、给水和通信管线共舱设置；而10kV电力电缆、给水及再生水管线与110kV及以上电力电缆共舱的情况更多，目前已建和在建综合管廊完全满足《国家电网有限公司十八项电网重大反事故措施(2018修订版)》中相关要求的工程较少。

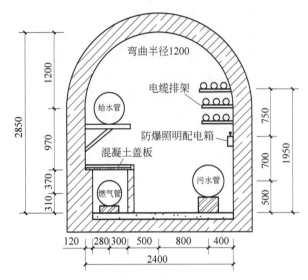

图 3-1　深圳大梅沙-盐田坳综合管廊标准断面

虽然目前断面设计标准较多且有相互冲突的地方,但从各地实际工程案例及综合管廊发展趋势来看,仍有普遍原则可用于指导设计工作。

(1) 满足管线安全运行前提下,各类管线宜同舱敷设,以集约断面,节省投资。

"共舱"是综合管廊优于直埋管线的原因之一,也是可以集约利用地下空间的前提条件。如果各类管线均要求独舱设置或舱室个数较多,将会增加综合管廊建设和后期运营维护成本。目前,在分舱原则上,普遍意见如下:

① 天然气管线和蒸汽管线单独成舱;

② 电力管线和热力管线不同舱;

③ 110kV及以上电压等级电力电缆超过6回时,建议单独成舱;

④ 给水、再生水、供热(热水介质)、通信管线尽量共舱设置。

(2) 各舱室内部断面尺寸设置原则。综合管廊标准断面内部尺寸应根据容纳的管线种类、数量、管线运输、安装、维护、检修等要求综合确定。

① 净宽方面:综合管廊内两侧设置支架或管道时,人行通道最小净宽不宜小于1.0m;单侧设置支架或管道时,人行通道最小净宽不宜小于0.9m;配备检修车时检修通道宽度不宜小于2.2m。

② 净高方面:考虑到人行检修及设备安装空间,综合管廊内部净高不宜小于2.4m,当不能满足最小净空要求时,应改为缆线沟连接。

(3) 入廊管线排布原则。

① 重介质管道在下,轻介质管道在上;

② 小断面管道在上,大断面管道在下;

③ 电力舱高压电缆布置在下层排架,低压电缆布置在上层排架;

④ 出线多的配送管道在上,输送管道在下;

⑤ 人行通道中间布置,通道尺寸和管线间距满足管道检修和人员通过要求;

⑥ 需要经常维护的管种贴近中间通道;

⑦ 管道与墙距离、管道之间间距均需满足检修要求;

⑧ 电力电缆的支架间距应符合《电力工程电缆设计规范》(GB 50217—2018)的有关规定;

⑨ 通信线缆的桥架间距应符合《光缆进线室设计规定》(YD/T 5151—2007)的有关规定;

⑩ 管道安装净距不宜小于《城市综合管廊工程技术规范》(GB 50838—2015)表 5.3.6 的规定。

3.1.4　节点设计

《城市综合管廊工程技术规范》规定,综合管廊的每个舱室应设置人员出入口、逃生口、吊装口、进风口、排风口等,且综合管廊的人员出入口、进风口、排风口等露出地面的构筑物应满足城市防洪要求,并应采取防止地面水倒灌及小动物进入的措施,加设防止小动物进入的金属网格,网格尺寸不应大于 10mm×10mm。

1. 具体节点设计

(1) 人员出入口

综合管廊人员出入口应结合后期运营维护管理要求,针对干线综合管廊深覆土敷设,人员出入口间距宜小于 2km。

(2) 逃生口

敷设电力电缆的舱室,逃生口间距不宜大于 200m,当出地面困难时,可借临近相对安全舱室的逃生口和逃生通道。

敷设天然气管道的舱室,逃生口间距不宜大于 200m,当出地面困难时,可设置专用逃生通道,先通过密闭门逃至专用逃生通道,再利用专用逃生通道作为纵向逃生,至具备出地面位置逃至地面。

敷设热力管道的舱室,逃生口间距不应大于 400m;当热力管道采用蒸汽介质时,逃生口间距不应大于 100m,当出地面困难时,可借临近相对安全舱室的逃生口和逃生通道。

逃生口尺寸不应小于 1m×1m,当为圆形时,内径不小于 1m;人员逃生口爬梯高度超过 4m 时,应设置防坠落措施。

(3) 吊装口

综合管廊内的管线是在主体结构施工完成后安装的,因此需预留吊装口,以提供管线及设备进出综合管廊的通道,满足综合管廊内管线安装、维修及更新的需求。综合管廊吊装口间距 400~600m,吊装口净尺寸满足管线、设备、人员进出的最小运行界限要求。

(4) 进排风口

为保证综合管廊各舱室内及平时通风事故状态下通风需求,各舱室每个通风区段两端需分别设置排风口和进风口,相邻通风区段的进、排风口可合建。

有天然气管线入廊时,天然气管道舱室的排风口与其他舱室排风口、进风口、人员出入口以及周边建(构)筑物口部距离不应小于 10m。天然气管道舱室的各类孔口不得与其他舱室连通,并应设置明显的安全警示标示。

2. 节点设计重难点

综合管廊节点设计的重点和难点主要在于"整合"和"融合"。

(1)"整合"主要是将综合管廊的各种口部集约化设计,如吊装口可兼用逃生口、通风口,进风口可与逃生口共用等。目前较多设计单位在节点设计时,吊装口、逃生口、送排风口等节点随意设置,且多单独分散设置,造成管廊沿线口部过多,有悖于管廊建设集约化利用土地资源的原则。

(2)"融合"主要指综合管廊各种口部在满足功能、保障综合管廊自身安全的基础上,与道路景观、绿化工程有机融合,通过口部景观设计,采用"消、隐、融"等设计方法,实现与城市景观风貌协调一致。

3.1.5　出线设计

综合管廊出线设计是将管廊内市政能源合理分配到各地块或各分支道路。出线设计包含以下两部分内容。

1. 分支口位置、出线种类和规模

确定分支口的位置和规模,要以综合管线规划、各管线专项规划为基础,征询规划单位、建设单位及各管线单位意见,确定每个分支口的位置及出线种类和规模。

2. 分支口出线形式

根据综合管廊分支口连接对象的不同,管线分支口大致可分为三类:连接能源场站、连接地块用户、连接直埋管线。

一般情况下,连接能源场站,如规划变电站、能源站、次高压调压站、通信机房、数据中心、综合管廊监控中心等市政站房站点时采用廊道形式。连接地块或连接直埋管线根据管线规模,可采用半通行廊道或预埋套管的方式。

此外,综合管廊除了沿线设置出线分支口(图 3-2)外,其设计起终点根据管线接入接出方式不同,需不同的处置措施。若管廊两端后期规划为管廊,则近期应在端头设置临时封堵墙。若端头远期不再建设管廊,为直埋管线,则需设置端头出线井,与端头直埋管线进行衔接。

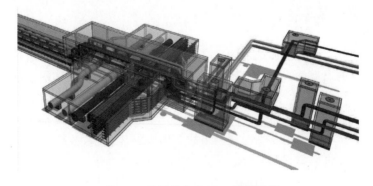

图 3-2　管线分支口 BIM 模型示意

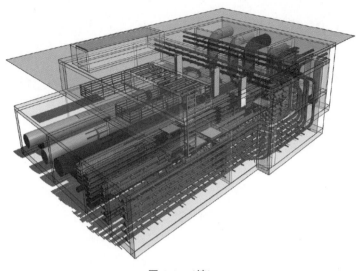

图 3-2　（续）

综合管廊出线设计（图 3-3）既要保证管线在廊体内的转换和排布空间，同时也尽量将廊内管线排布与廊外直埋管线顺次连接，避免管线出廊体后交叉次数过多，增加与直埋管线的衔接难度。

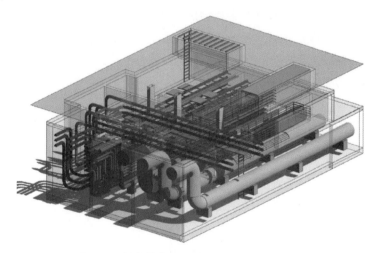

图 3-3　综合管廊端头出线井 BIM 模型示意

3.2　断面集约创新实践

综合管廊断面设计对综合管廊整体方案和工程投资影响较大，持续推进精细化设计，因地制宜优化断面，推进入廊管线集约布置，提高断面利用率，从源头降本增效，下面将结合具体工程阐述。

3.2.1 空间集约规划一体化建设管廊工程

轨道交通 7 号线万盛南街综合管廊在满足功能使用的前提下,因地制宜优化入廊管线、促进管廊合舱集约利用,使综合管廊的断面利用率得到进一步提高,投资进一步降低。7 号线东延(万盛南街)综合管廊工程通过断面的精细化设计研究,按照最优组合重新布置管廊管线,使管廊宽度进一步缩减,提高了断面使用率。

(1) 优化燃气管道敷设形式

结合本工程的实际情况,经综合分析确定,燃气入廊现实问题较多,决定维持现状——天然气管道直埋敷设不纳入综合管廊,经济性和可行性优势显著,同时在取消天然气舱后,管廊位置能够向南侧调整,将电力舱的放线口井盖设置在中央隔离带内。

(2) 电力舱的合舱布置

根据电力规划和综合管廊规划,万盛南街全线均有双舱电力,经过对区域电力管网系统优化调整,将万盛南街颐瑞东路—土桥中路段电力舱由双舱调整为单舱,其他路段维持原电力双舱规模不变,优化了舱室长度,节省了投资。

(3) 断面尺寸优化

综合管廊舱室断面布置优化内容主要包括水信舱宽度优化,取消天然气舱及电力舱局部合舱。水信舱的断面高度为综合管廊的控制尺寸,管廊高度不变。本工程管廊的断面高度受控于水信舱一侧 2 根上下叠落放置的给水管安装尺寸,水信舱舱室高度为 3.0m。万盛南街西口—云景东路段管廊断面由(2.6+2.6+5.4)m×3.0m 优化为(2.6+2.6+5.2)m×3.0m。云景东路—颐瑞东路段断面由(2.6+2.6+3.4)m×3.0m 优化为(2.6+2.6+3.0)m×3.0m。颐瑞东路—土桥中路段管廊断面由(2.6+2.6+3.4)m×3.0m 调整为(2.6+3.0)m×3.0m(见图 3-4)。

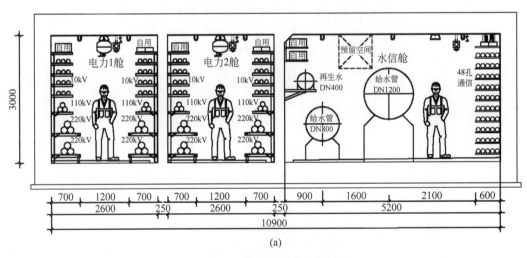

(a)

图 3-4 万盛南街综合管廊优化后断面

(a)万盛南街西口—云景东路;(b)云景东路—颐瑞东路;(c)颐瑞东路—土桥中路

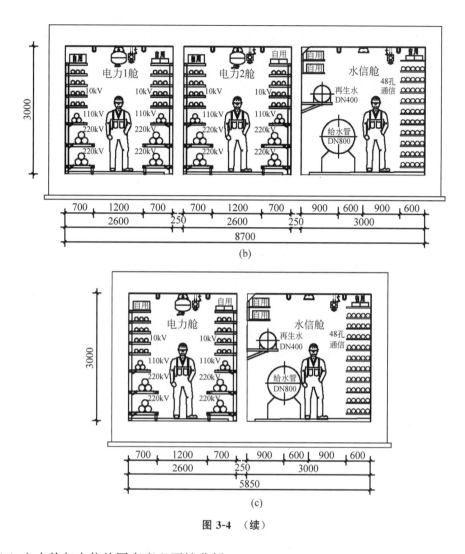

图 3-4　（续）

（4）电力舱与水信舱同高度必要性分析

电力舱与水信舱按照规范标准所需高度不同，本工程管廊的断面高度受控于水信舱一侧2根上下叠落放置的给水管安装尺寸，水信舱舱室高度需为3.0m，电力舱舱室高度按管线需求应为2.9m。不同舱室采用不同高度时，管廊整体顶板高度不同，虽能节约少量混凝土用量，但会造成顶板的二次支模、分次浇筑，施工工期增加，且实施工序复杂。采用顶板同高的结构形式，顶板浇筑可以一次完成，施工便利、防水质量和工期均有保障、造价相对较低，且虽增加部分混凝土用量，但可增加管廊上部空间，有利于断面布置和廊内空间预留。因此将管廊高度统一确定为3.0m。

3.2.2　随轨交通融合市政廊道管廊工程

轨道交通3号线一期地下综合管廊工程是管廊、轨道交通、电力通道及市政廊道规划融合的典范，在管线空间、安装空间、检修通道尺寸方面对断面尺寸优化情况如表3-1所示。按管线单位需求和规范要求设计的常规断面和优化断面设计见图3-5。常规断面净宽5.5m，净高 6.4m,净面积为 32.9m²,优化断面净宽 4.77m,净高 5.4m,净面积为 24.0m²,可以看出在入廊管线规格和数量相同的情况下,优化断面比常规断面净宽减小 0.73m,净高减小 1.0m,净面积减少 8.9m²(约 27%),优化效果显著。经与电力、自来水等管线单位沟通,优化断面设计方案满足管线安装、检修及运营维护要求。

表 3-1   断面尺寸控制

控制项目	舱室	规范要求或管线单位常规做法	优化设计
分舱		电力舱 3 个、综合舱 1 个	电力舱 2 个、综合舱 1 个
检修通道	电力舱	电力舱断面 2.6m×3.5m、2.6m×2.6m	电力检修通道宽度 1.0m
	综合舱	满足管道、配件及设备运输要求,双侧检修通道宽不宜小于 1.0m,单侧检修通道不宜小于 0.9m	满足管道运输要求,借鉴日本筑波科学城管廊,0.75m
管线空间	电力舱	500kV 电力单独成舱,220/110kV 电力单独成舱,高压电缆支架层间距 0.4~0.5m	500kV 电缆与 220/110kV 电缆合舱,电缆支架间距 0.4m,根据电缆支架实际长度设计
	综合舱	管道周边空间不宜小于 0.5m	根据管道安装实际要求,周边空间 0.4m
安装空间	综合舱	管道顶部距结构顶宜小于 0.8m,管廊净高不宜小于 2.4m	根据管道安装需求,管道顶部距结构 0.6m,管廊净高不小于 2.1m

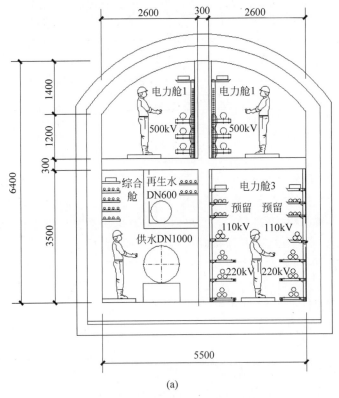

(a)

图 3-5   断面常规做法和优化设计方案

(a)常规做法;(b)优化设计

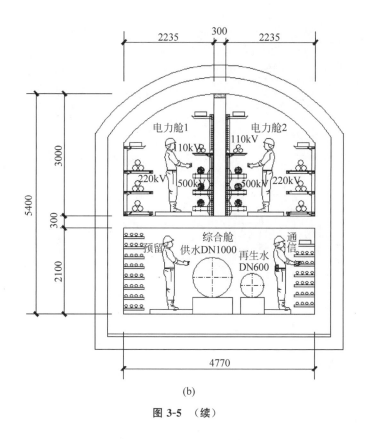

(b)

图 3-5　(续)

3.2.3　首都核心区城市更新示范管廊工程

轨道交通 8 号线三期(王府井)综合管廊工程位于首都核心区王府井商业区,是助力首都核心区地下空间综合开发利用的示范管廊工程,已纳入住房和城乡建设部关于老旧城区综合管廊建设案例。该项目将在地铁施工完毕后作填埋报废处理的降水导洞,适当扩大、二次衬砌后作为综合管廊空间。降水导洞采用暗挖工法,因此综合管廊断面设计在同一空间内进行水平和竖向分隔,满足规划入廊管线安装及运行空间要求。另外,本工程是北京市首例热力管线与给水、通信合舱设置的综合管廊工程,实现了管线集约敷设、空间高效利用。

东、西线主干综合管廊断面尺寸相同,由于受地铁王府井北站断面和两侧建筑物限制,车站段标准断面结构内部净尺寸(宽×直墙高)为 4.05m×5.20m;区间段可适当放大,使入廊管线安装空间更加便捷,则标准断面结构内部净尺寸(宽×直墙高)为 4.55m×5.40m。东、西两线综合管廊内部设置上、下层:上层为电力舱、紧急逃生通道(兼作分支、吊装、预留再生水管的空间),直墙高 2.50(2.70)m,下层为综合舱,即水信+热力舱,结构净高 2.50m。区间段:电力舱净宽 2.00m、紧急逃生通道净宽 2.30m、综合舱净宽 4.55m;车站段:电力舱净宽 2.00m、紧急逃生通道净宽 1.80m、综合舱净宽 4.05m。图 3-6 为综合管廊标准段分舱布置示意。

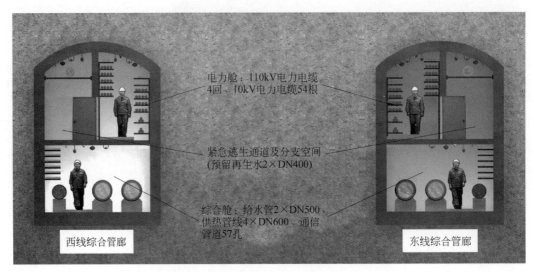

电力舱：110kV电力电缆
4回、10kV电力电缆54根

紧急逃生通道及分支空间
（预留再生水2×DN400）

综合舱：给水管2×DN500、
供热管线4×DN600、通信
管道57孔

西线综合管廊　　　　　　东线综合管廊

图 3-6　综合管廊标准段分舱布置示意

3.3　入廊管线分析

综合管廊中是否纳入某种管线，应根据经济社会发展状况和地质、地貌、水文等自然条件，经过技术、经济、安全以及维护管理等因素综合考虑确定。根据《城市综合管廊工程技术规范》规定，城市工程管线：给水、雨水、污水、再生水、电力、通信、天然气、热力等市政公用管线可纳入综合管廊。高压天然气管道和热力蒸汽工业管线不纳入管廊。现对各类管线具体特点分析如下。

（1）电力管线

随着城市经济综合实力的提升及对城市环境整治的严格要求，目前在国内许多大中城市都建有不同规模的电力隧道和电缆沟。电力电缆具有不易受管廊纵断面、横断面变化限制的优点。电力管线从技术和维护角度纳入地下综合管廊已经无障碍。

（2）给水、再生水管线

给水（生活给水、消防给水）、再生水管是压力管道，管道布置较为灵活，且日常维修概率较高。管道入廊后可以克服因管道漏水、管道爆裂及管道维修等因素对交通的影响，可为管道升级和扩容提供方便。给水和再生水管道适合纳入管廊。

（3）通信管线

根据通信专业规划，通信管线包括电信管线、有线电视管线、信息网络管线等。目前国内通信管线敷设方式主要采用架空或直埋两种。架空敷设方式造价较低，但影响城市景观，而且安全性能较差，正逐步被埋地敷设方式所代替。通信管道纳入管廊为后期维护更换提供便利，为未来发展预留空间。通信管道敷设方式灵活，适合纳入管廊。

（4）热力管线

热力管道的运行季节性较强,运行过程中管道温差变化幅度较大,管线出现故障的概率较高,管道维修频繁。因此,将供热管道放进地下综合管廊,有利于监控检查、提前发现问题,且维护方便。国外大多数情况下将供热管道集中放置在地下综合管廊内。热力管道采用压力输送,敷设方式灵活,适合入综合管廊。

（5）天然气管线

虽然根据国内外相关设计规范的规定,天然气管道可进入地下综合管廊。国内外部分敷设有天然气管道的地下综合管廊工程,经过几十年的运行,也并没有出现安全方面的事故。但因为燃气具有易燃易爆这一危险特性,所以在我国人们仍然对天然气管进入地下综合管廊存在安全方面的担忧。《城市综合管廊工程技术规范》天然气入廊中的第4.3.4条规定"天然气管道应在独立舱室内敷设"。《城镇燃气设计规范》（GB 50028—2006,2020版）中第6.3.7条规定"地下燃气管道不得在堆积易燃、易爆材料和具有腐蚀性液体的场地下面穿越,并不宜与其他管道或电缆同沟敷设。当需要同沟敷设时,必须采取有效的安全防护措施"。其条文说明中论述"燃气管道与其他管道或电缆同沟敷设时,如燃气管道漏气易引起燃烧或爆炸,此时将影响同沟敷设的其他管道或电缆使其受到损害;又如电缆漏电时,使燃气管道带电,易产生人身安全事故,故对燃气管道来说不宜采取和其他管道或电缆同沟敷设;而把同沟敷设的做法视为特殊情况,必须提出充足的理由并采取良好的通风和防爆等防护措施才允许采用"。由上述规范条文及解释可以看出,天然气管线可以纳入地下综合管廊,但必须在单独舱室内,同时需设置相应的泄露检测、排风、放散管等附属设施,其排风口等各类孔口部需与其余舱室分开设置。为降低综合管廊建设成本,需进行经济技术比较研究,科学合理确定天然气管线是否入廊。

（6）排水管线

排水管线分为雨水管线和污水管线两种。在一般情况下两者均为重力流,管线需按一定坡度埋设,满足流速要求。采用分流制排水的工程,雨水管线基本就近排入水体。地下综合管廊的敷设一般依道路坡度顺势敷设,排水管线纳入地下综合管廊,地下综合管廊建设需要考虑污水排水管线敷设坡度要求。当综合管廊坡向（即道路坡向）与排水管道坡向反坡时,由于雨水、污水管是重力流管线随着流向埋深越来越深,若放于地下综合管廊内,会相应增加地下综合管廊埋深,加大地下综合管廊投资。当综合管廊坡向（即道路坡向）与排水方向一致或局部段反坡,且坡度满足排水管道要求时,排水管道敷设不会增加综合管廊的埋深,排水管道入廊方便排水管道的检修维护和将来管道扩建,避免因管道维护和扩建对道路产生影响。排水管道入廊在节约地下空间、监测渗漏破损、维护修补及远期扩容等方面具有一定的优势,但在管道清疏管理方面国内尚无先例,缺乏成熟经验,因此,排水管道是否纳入综合管廊,应经技术经济及综合效益分析后确定。

下文将结合以上各类管线的特点,介绍在世园会综合管廊项目、北京大兴国际机场高速公路综合管廊一期工程、3号线一期地下综合管廊等工程中的管线创新实践。

（1）世园会综合管廊项目

世园会综合管廊项目是2019年北京世界园艺博览会园区的重要市政基础设施。管廊位于园区内部道路以及园区外部百康路、延康路下（图3-7），全长约7.1km，设置单舱～三舱结构，容纳给水、再生水、热力、通信、电力、燃气等管线，是北京市第一个实现除雨污水外全管线入廊的项目（图3-8）。世园会外部延康路、百康路的规划给水、电力、通信、燃气等管线，不仅承担两侧用户供给、分配，还负责向周边区域进行传输、输送的任务。因此，沿延康路、百康路的规划管线兼具干线传输、输送，以及用户供给、分配的功能。根据综合管廊的性质及入廊管线种类、数量，本项目综合管廊均为干支线混合型综合管廊。世园会内部综合管廊纳入管线有给水、再生水、电力、通信、热力、天然气六类市政管线。世园会外部综合管廊纳入管线有给水、再生水、电力、通信、天然气五类市政管线。世园会外部的百康路、延康路规划综合管廊与世园会内部管廊系统相接，保证了各市政管线与园区内形成环状管网供给，提高了供给安全性，同时便于世园会整体开发建设，降低了单独直埋敷设市政管线的难度，提高了世园会基础设施建设质量。

图3-7　世园会综合管廊规划布局

（2）北京大兴国际机场高速公路综合管廊一期工程

北京大兴国际机场高速公路综合管廊一期工程首次创新采用第一个500kV电力双通道、燃气管线规划入廊。为保证500kV高压电力电缆的安全，同时减少电力电缆对其他管线的影响，电力电缆单独分舱布置，500kV与220kV可合舱设置，220kV、110kV可与10kV电力电缆合舱设置，双回500kV缆线需分别布置在两个电力舱内。根据管线规划，南五环—庞安路段设有双回500kV和5回220kV电力电缆，依据上述分舱设置原则，本段电力舱设计如下：设置双电力舱，其中一舱为 $W \times H = 2.6\text{m} \times 3.0\text{m}$，舱内容纳4回220kV+1回500kV（图3-9）；另一舱为 $W \times H = 2.0\text{m} \times 3.0\text{m}$ 电力（预留）舱，舱内可容纳1回500kV+

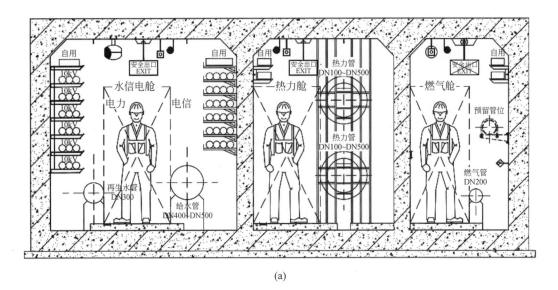

(a)

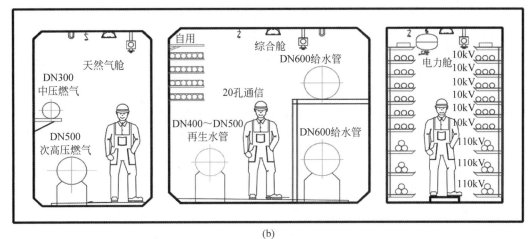

(b)

图 3-8 世园会管廊三舱断面示意

(a) 世园会园区南路综合管廊标准断面；(b) 百康路(延康路—汇川街)综合管廊标准断面

1 回 220kV 电缆(图 3-10)。

(3) 3 号线一期地下综合管廊项目

3 号线一期地下综合管廊为北京市首个纳入 500kV 电力线缆的随轨综合管廊。根据电力公司建设需求，需从通州北 500kV 变电站，经五环路外的电缆小间后，通过电力隧道形式接入 CBD500kV 变电站。通过对 500kV 输变电工程通道选线的充分论证，与 3 号线一期综合管廊团结湖路—东坝中路段路由重合，并为最终确定方案，需在综合管廊空间上进行统筹研究，CBD500kV 输变电工程是北京市 2020 年重点工程计划，拟于 2023 年投入使用，因此 500kV 电力电缆的入廊需求尤为必要和紧迫。

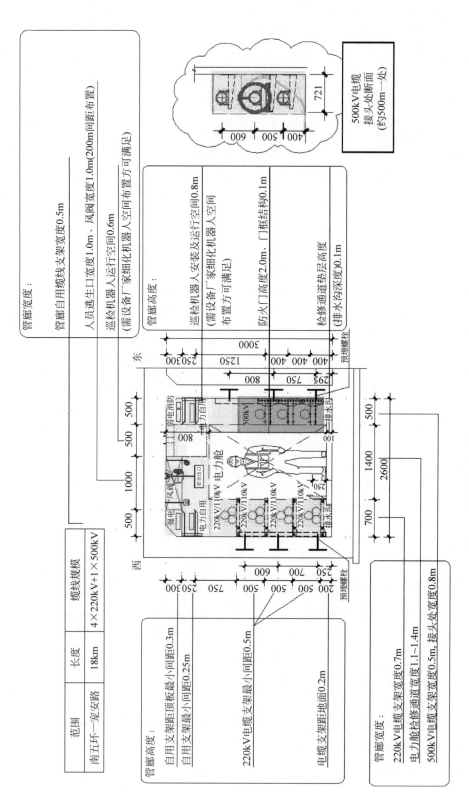

管廊宽度：

管廊自用缆线支架宽度0.5m

人员逃生口宽度1.0m、风阀宽度1.0m(200m间距布置)

巡检机器人运行空间0.6m

(需设备厂家细化机器人空间布置方可满足)

管廊高度：

巡检机器人安装及运行空间0.8m

(需设备厂家细化机器人空间布置方可满足)

防火门高度2.0m，门框结构0.1m

检修通道垫层高度

(排水沟深度0.1m)

500kV电缆
接头处断面
(约500m一处)

缆线规模

范围	长度	缆线规模
南五环—宏安路	18km	4×220kV+1×500kV

管廊高度：

自用支架距顶板最小间距0.3m

自用支架最小间距0.25m

220kV电缆支架最小间距0.5m

电缆支架距地面0.2m

管廊宽度：

220kV电缆支架宽度0.7m

电力舱检修通道宽度1.1~1.4m

500kV电缆支架宽度0.5m，接头处宽度0.8m

图 3-9 电力舱 1(4 回 220kV＋1 回 500kV)横断面布置

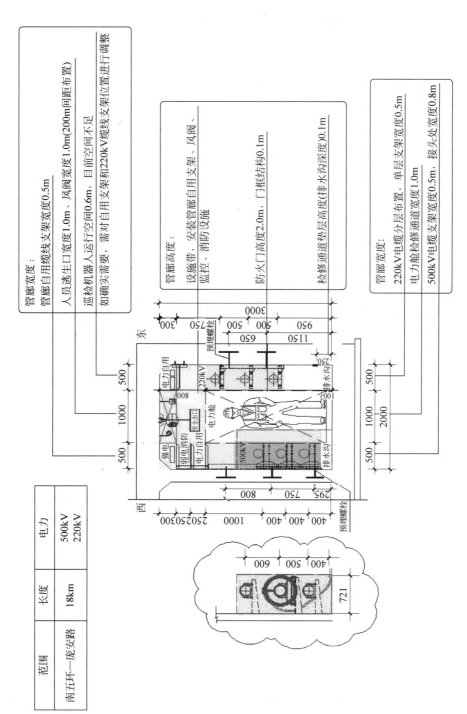

图 3-10 电力舱 2（预留）（1 回 500kV＋1 回 220kV）横断面布置

3.4 长大距离消防通风系统创新设计

综合管廊投资高成为掣肘其发展的重要因素之一,其中综合管廊内消防系统及相关通风系统也是投资的重要组成部分。另外,综合管廊建设大多在城区,入廊管线主要是城市主干工程管线,受结构工法、施工场地、景观环境等约束条件的影响,一般不具备频繁出地面设置口部的条件,导致综合管廊通风距离较长,此时其消防及通风问题变得尤为突出。地下综合管廊内环境都较封闭,发生灾害后逃生困难救援难度很大。目前,北京市乃至全国标准及规范均未对管廊长大距离消防及通风问题做统一明确规定。因此长大距离管廊消防及通风成为管廊亟待解决问题。

目前,我国关于综合管廊规划、设计、施工及验收和维护管理,有国家标准《城市综合管廊工程技术规范》(以下简称《管廊规范》)。现行规范对防火分隔做了要求,但对通风分区的长度没做要求,通风分区划分的越短,预留的通风口越多。其中关于消防分隔设置要求如下:

根据《管廊规范》第7.1.6款:天然气管道舱及容纳电力电缆的舱室应每隔200m采用耐火极限不低于3.0h的不燃性墙体进行防火分隔。

为增大综合管廊通风区间,尽可能地减少综合管廊出地面口部数量,降低综合管廊投资,需创新长大距离消防及通风系统。主要思路为:不做具体通风区间长度的限定,同时根据通风要求,结合周边用地要求,尽量拉长通风区间,可减小风亭体量和数量,就近小距离设置在绿带内,不影响景观。另外,采用借邻其他舱室(不包括敷设天然气管线的舱室)相互逃生、纵向逃生体系,解决场地环境受限和过密设置地面口部引起的安全问题。下面将基于2022年冬奥会延庆赛区外围综合管廊工程、北京市轨道交通8号线三期(王府井)综合管廊工程的工程实际,具体阐述长大距离消防通风工程创新应用。

(1) 2022年冬奥会延庆赛区外围综合管廊工程

2022年冬奥会延庆赛区外围综合管廊工程作为2022年冬奥会延庆赛区的"生命线"工程,管廊位于中高山区,具有埋深大、坡度大的特点,其最大埋深约280m,管廊起点与终点高差约460m。由于受管廊埋深大等建设场地山体环境限制,冬奥会管廊通风系统无法按规范进行通风和逃生的设置。因此充分利用内外空气温差、高差、自然风、局部大气压变化等因素,设置长大距离自然通风,满足运行维护安全要求,同时实现绿色节能设计。对此,开展了如下创新工作:优化逃生口系统,两个电力舱的主通道防火门开启方向相反设置或向就近逃生口方向设置,使火灾发生时的逃生路线最短;考虑其整体布局,冬奥管廊水舱不仅是水务管线的容纳空间,更是上层电力舱及电信舱的逃生通道,电力舱的每个不大于200m的防火分隔内设置逃生口,逃生口采用不锈钢爬梯或软梯通往水舱。水舱不仅是电力舱及电信舱管线敷设安装的进料通道、廊内排水的主要通道,也是管廊后期运营维护的通行通道。水舱功能多样化,为山区综合管廊建设提供了参考。

(2) 北京市轨道交通8号线三期(王府井)综合管廊工程

北京市轨道交通8号线三期(王府井)综合管廊工程东、西两侧通风区段根据风亭设置条件,在长大距离通风区段的基础上,利用电力引入通道设置环形通风系统,共设置3个通风区段,优化地面风亭位置,实现功能与环境的高度融合。在逃生口系统优化方面,在东、西两线管廊的电力舱外侧均设置紧急逃生通道。逃生路径是电力舱经逃生口(甲级防火门)水平进入紧急逃生通道,综合舱经逃生口(防火盖板)垂直进入紧急逃生通道,再通过紧急逃生通道纵向通行至室外连接地面的安全出口。地面安全出口间距不大于500m,以钢楼梯形式在地面处设逃生井盖。通过各舱室水平、垂直相结合的逃生方式,与专用逃生通道连通,构建了核心商业区地下纵向逃生系统。

3.5 随轨管廊适应性分析

当同一市政道路下方规划有轨道交通工程及综合管廊工程时,两工程协同建造、充分融合,可减少管廊工程建设对周边环境的影响;可实现两工程共用施工场地、降水井、基坑工程、施工竖井及横通道等,有利于集约城市用地、节约工程投资;可实现两工程共用结构,有利于节约城市地下空间资源;大量市政管线入廊,可减少管线单独修建、改造对轨道交通的影响。

在地铁工程与综合管廊协同施工可行性的基础上,结合地铁施工过程、地铁车站(区间)结构力学特性,以地铁与管廊建设的充分融合、同步建设为基本目标,统筹考虑施工的安全性、经济性与协调性为基本原则,提出地铁与综合管廊协同化全过程施工方法。从时间、空间两个维度对施工方法进行分析研究,提出综合管廊与轨道交通共建的设计原则、标准及建设要求,并针对各种施工工法的特性,进一步对不同综合管廊协同建设的施工方法适用性进行研究。

3.5.1 随轨交通管廊布置原则

综合管廊工程建设应符合城市总体规划,按照"先规划、后建设"的原则,应统一协调与轨道交通、地下空间,各类地下管线、道路交通等专项建设规划,合理确定地下综合管廊建设布局、管线种类、断面形式、平面位置、竖向控制等,明确建设规模和时序,综合考虑城市发展远景,预留和控制有关地下空间,并应与轨道交通等附属设施相结合,做到地上景观协调统一。

考虑到城市轨道交通线路主要是沿城市主要干道进行敷设,同时市政管网的建设也将城市主要干道作为其干管的敷设通道,因此与城市轨道交通合并建设的管廊应当定位为干线或干支混合型综合管廊,而非支线管廊。为降低施工对城市的影响,提高城市道路使用效率,提高人居环境水平,应考虑将地下综合管廊工程结合轨道交通地下工程一并考虑,集约、节约利用地下空间,统筹地下空间的使用率,并进行同步规划设计、同步实施、同步运行。

3.5.2 随轨交通管廊布置方式

1. 综合管廊与地铁车站结合方式

综合管廊与轨道交通的结合方式受周边环境影响,两者的施工工法将通过工程的安全、质量、工期及造价多方面比选最终确定,依据地铁修建经验,推荐在有条件的区段首选明挖法实施,但在周边环境影响较大的区域,也可采用盾构法及暗挖法同步统筹施工两项工程。综合管廊在修建阶段,按照经济及实用性要求,应当选用明挖法进行施工,当条件限制无法采用明挖施工的方式建设综合管廊时,可采用矿山法、盾构法、顶进法等其他方式建设综合管廊。矿山法综合管廊结构最小覆土厚度不宜小于2.5m,盾构法综合管廊结构覆土厚度不宜小于管廊结构外轮廓直径。当无法满足要求时,应结合管廊结构所处的工程地质、水文地质和环境条件进行分析,必要时应采取相应的安全措施。采用盾构法或暗挖法施工综合管廊时,电力舱和热力舱宜利用水信舱作为逃生通道。

采用非开挖施工的综合管廊,逃生口间距应根据综合管廊地形条件、埋深、通风、消防等条件综合确定。综合管廊与车站主体共构时,综合管廊纵向坡度宜与车站主体坡度一致,且不宜小于0.2%。综合管廊的人员出入口和通风口等附属设施有条件时可与地铁附属结合设置,含天然气管道舱室的综合管廊口部不应与地铁等建构筑物口部合建且净距不小于10m。

明挖车站、暗挖车站是城市轨道交通车站中按工法划分的两种最为常见的车站。轨道交通工程与综合管廊都敷设于地下,而轨道交通车站较区间更宽,且更深,占用地下空间的比例更大。综合管廊与轨道交通同路由敷设需考虑两结构的空间关系,怎样统筹利用地下空间,两结构是否结合还需深入分析。对于采用明挖法的轨道交通车站而言,埋深越大,其工程造价就越高,依据相关的工程经验,一个长度约200m的标准轨道交通地下车站埋深每增加1m,造价需增加约400万元。因此,控制埋深对于地下车站与综合管廊而言,在节约工程投资方面有着重要意义。

一般标准地下车站为两层站,依据道路情况布置于道路中间及两侧,采用明挖法施工较多,依据周边环境也有采用暗挖法的。明挖车站顶板覆土一般为3.0~3.5m,暗挖车站依据工法情况,顶板覆土大多数在6.5m以下。综合管廊的断面形式和尺寸应根据容纳的管线种类、数量、断面规模、远期预留需求、施工方法等综合考虑确定。其结构内净空高度多在3.0m左右,加上外结构顶底板尺寸为3.8~4.0m,宽度依据其舱室布置规模,一般为2~4舱,宽度为6~12m。

1)与明挖车站的结合方式

根据综合管廊与车站共构位置的不同,共构断面可以采取下面几种形式。

(1)在车站出入口通道上方设置综合管廊

明挖车站顶板覆土厚度一般为3~3.5m,上翻梁顶部距离地面一般在2m。在车站出入口通道上方设置综合管廊对车站主体覆土影响较小,适用于新建道路或非机动车道及人行步道下无现况管线的道路,如图3-11所示。

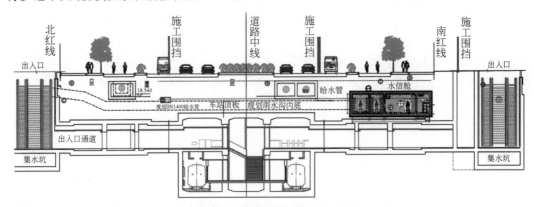

图3-11　车站出入口通道上方设置综合管廊示意

(2)在车站主体上方共构设置综合管廊

当车站设有顶出风井时,管廊可以放在两侧,绕避风井,如图3-12所示。管廊也可以放在一侧,预留开发空间,也可作为管廊的控制中心使用,如图3-13所示。

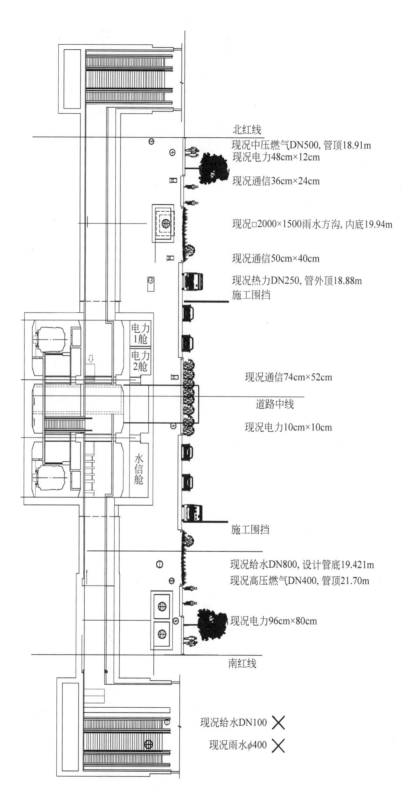

北红线

现况中压燃气DN500, 管顶18.91m
现况电力48cm×12cm

现况通信36cm×24cm

现况□2000×1500雨水方沟, 内底19.94m

现况通信50cm×40cm

现况热力DN250, 管外顶18.88m
施工围挡

现况通信74cm×52cm

道路中线

现况电力10cm×10cm

施工围挡

现况给水DN800, 设计管底19.421m
现况高压燃气DN400, 管顶21.70m

现况电力96cm×80cm

南红线

现况给水DN100 ✕

现况雨水φ400 ✕

图 3-12　管廊在车站主体上方共构设置 1

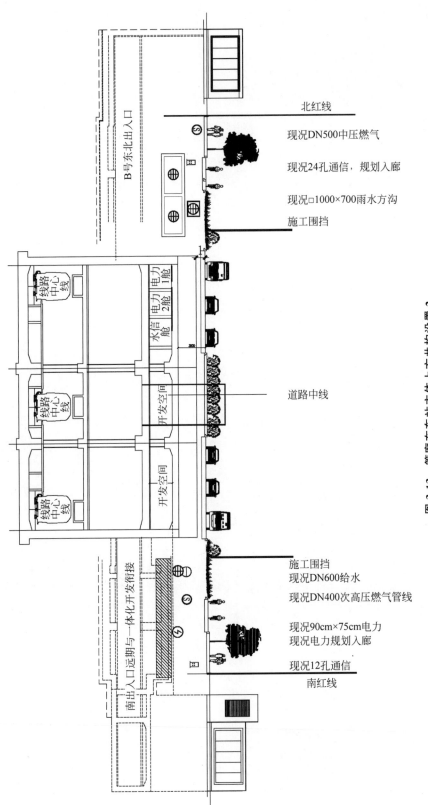

北红线

现况DN500中压燃气

现况24孔通信，规划入廊

现况□1000×700雨水方沟

施工围挡

道路中线

施工围挡
现况DN600给水

现况DN400次高压燃气管线

现况90cm×75cm电力
现况电力规划入廊

现况12孔通信

南红线

图 3-13　管廊在车站主体上方共构设置 2

管廊与地铁车站主体结构共构方案不影响地铁车站施工临时占地、交通导改、管线改移方案,不需重新进行临时占地、交通导改方案审批,且能充分利用道路下浅层地下空间。采用此方案,车站主体覆土需要降低,保证主体顶板满足 7～8m 覆土。而主体覆土降低会带来车站投资加大等影响,故此方案适应于车站拟同步进行地下空间开发或路侧无布置综合管廊条件的情况。

(3)在车站主体侧方共构设置综合管廊

在车站上方需开发地下空间的情况下,综合管廊结合车站结构设置于下方一侧,但需增加车站横向宽度,即增加一跨,如图 3-14 所示。此方案对车站主体覆土基本无影响,需要加宽一跨来布置综合管廊,此方案三舱管廊需要采用上下叠落的形式,管廊附属及出线节点存在困难。若车站无预留空间,管廊则采用矿山法或盾构法穿越车站,仅附属结构与车站范围进行结合。详见图 3-15。

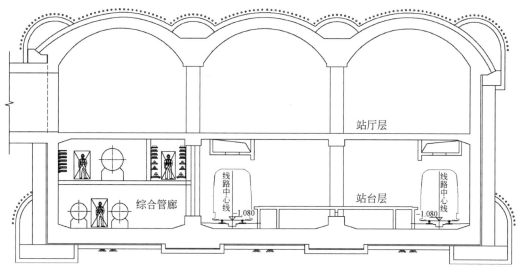

图 3-14 管廊在车站主体侧方共构设置

2)与暗挖车站的结合方式

暗挖车站拱顶覆土厚度一般为 6.5m 以上,综合管廊结构高度一般为 3～3.5m,由于地铁受到周边环境影响,通常采用暗挖法实施,综合管廊结合地铁施工可采用与地铁共构的暗挖法实施,也可采用与地铁分离的暗挖法实施。施工期间结合两项工程平面及竖向关系确定施工前后次序及加固区域。一般来说,分离暗挖施工建议先下后上,两结构之间尽量大于6m,如小于 6m,建议对前期施做工程采取加固处理,以降低后期施工工程队前期工程的影响。

图 3-15   综合管廊与车站主体侧方脱开设置

　　管廊与暗挖车站也可采用共构方式结合,根据不同工况条件,采取不同的布置方式,可在车站上层、下层或车站两侧增设管廊层。暗挖车站埋深较深,应优先考虑将管廊布置在暗挖车站或区间的上方,减小管廊埋深,方便后期运营维护。在车站上层增设管廊层的方式,管廊埋深小,但要注意上方覆土情况及与其他现况管线关系。在车站下层增设管廊层的方式,管廊埋深较大,可能引起施工降水,增大工程难度及风险。在车站侧面增设管廊层的方式,管廊与地铁轨面同高或高于轨面,导致暗挖跨度增加,工程难度及风险较大,且管廊需要的有效空间远小于地铁,侧向增加一跨布置管廊可能导致大面积空间的浪费。暗挖车站与综合管廊相结合主要分为共构顶置综合管廊(图 3-16)、共构底置综合管廊(图 3-17)、主体侧方共构综合管廊(图 3-14)以及非共构单独敷设综合管廊(图 3-18)。

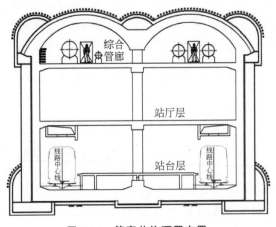

图 3-16   管廊共构顶置布置

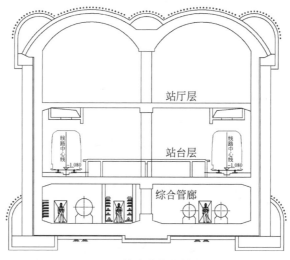

图 3-17　管廊共构底置布置

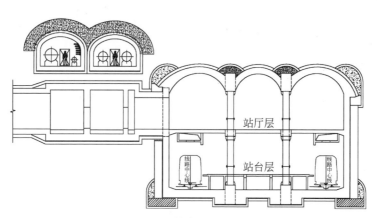

图 3-18　管廊非共构布置

共构顶置方案车站埋深增加约 2.5m,若站内有出线、附属接口需求将进一步加深。共构底置方案的管廊埋深较大(约)27m,若站内有出线、附属接口需求埋深将进一步加大。共构侧置方案车站地铁空余面积较大,投资大幅度提升;管廊在车站范围内出线接附属将很困难或无法出线。非共构单独敷设,地铁结构为管廊后期穿越预留条件。为尽量减少管廊埋深,便于管廊出线及接附属需求,减少工程投资,管廊方案取舍顺序为:共构顶置、共构侧置、非共构敷设顶置、非共构敷设底置及共构底置。若地铁建设时综合管廊无法建设,建议在工程难度较大的地方预留综合管廊节点,其余地段可以灵活采用暗挖、明挖、盾构等工法实施管廊,但需要评估管廊施工期间对地铁的影响。

　　综合管廊也可以利用地铁的废弃工程进行建设,如图 3-19 所示,地铁工程施工期间受地面环境影响,无法进行地面降水,只能采用单独设置地下降水导洞进行降水,以保障地铁施工,降水导洞在实施完成后将填埋废弃。将降水导洞改造为综合管廊不仅降低造价,也方便后期管线运行维护。

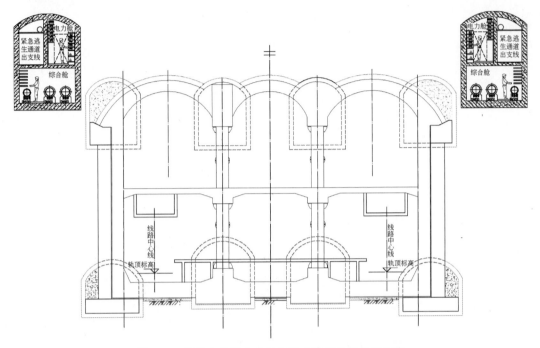

图 3-19　暗挖车站降水导洞与综合管廊共建关系示意

2. 综合管廊与区间的结合方式

　　地铁区间施工工法分别为:明挖法、盾构法及暗挖法,方法的选择主要受结构形式、周边环境及地质条件影响。

　　(1) 与明挖区间的结合方式

　　明挖法随轨道交通区间建设综合管廊适用于两工程均处于未开发区域,周边条件较好、具备明挖施工的管线改移、交通导改及工期的要求。明挖轨道交通区间结构体量较大(存在多重线路、存车线或停车线及地下空间开发区域)。管廊结构随轨道交通新建采用明挖共构实施,如图 3-20 所示。

　　(2) 与盾构区间的结合方式

　　将地铁区间与综合管廊共同设置于大直径盾构隧道内,利用地铁盾构区间内部空余空间设置综合管廊,充分利用地下空间资源,统筹考虑空间布局,如图 3-21 所示。采用大直径盾构隧道临时占地面积小,减少对城市交通及周边环境的不利影响;无需考虑地下水的不利影响;避免地铁与管廊分别施工,避免对周边环境的二次扰动,减少工程风险;简化单独敷设时的施工组织,施工速度快、作业安全、工程造价低。综合管廊与盾构法区间共构采用大直径盾构隧道,盾构区间隧道埋置深度大,不利于管廊出支线以及通风口等附属结构设置;共用结构设计时,需结合管廊运营单位与轨道运营单位需求,合理划分运营管理界面和费用;且需同时满足二者人防、防灾需求。

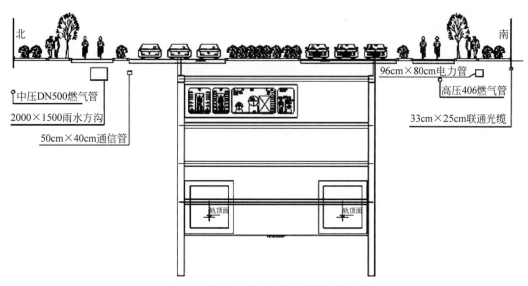

图 3-20　结合明挖区间综合管廊设置示意

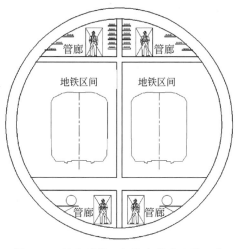

图 3-21　结合盾构区间综合管廊设置示意

盾构法综合管廊邻近盾构法地铁区间,方案布置如图 3-22 所示。综合管廊盾构法施工随地铁盾构区间同步实施,统筹考虑空间布局;占地面积小,减少对城市交通及周边环境的不利影响;无需考虑地下水的不利影响;管廊与区间可共用盾构接收及始发井,并可利用地铁车站作为工作井;盾构工艺成熟,施工风险小,施工速度快、作业安全、工程造价低。宜优先采用盾构管廊旁穿盾构区间方案及盾构管廊上穿盾构区间方案。因盾构管廊下穿盾构区间方案,管廊埋置深度过深,不利于管廊出支线以及通风口等附属结构设置,所以在一般管廊无需出支线的情况下采用。

（3）与暗挖区间的结合方式

暗挖法适用于地质条件良好,周边环境不具备明挖法施工且无法提供盾构始发及吊出场地的区域,目前北京地铁城中心区域运用暗挖法实施的区间占比较大。暗挖法随轨道交通建设综合管廊也属于后期研究的重点。北京轨道交通暗挖法实施综合管廊与轨道交通区

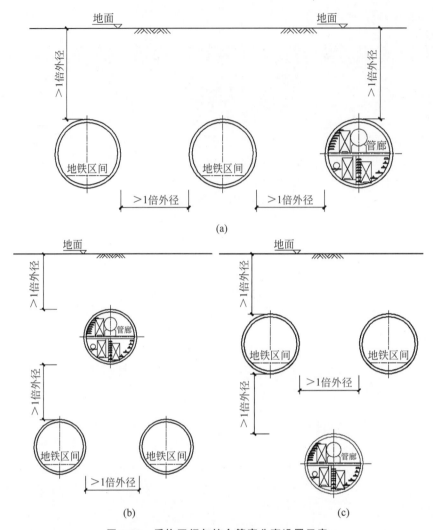

图 3-22　盾构区间与综合管廊分离设置示意
（a）盾构管廊旁穿盾构区间断面；（b）盾构管廊上穿盾构区间；（c）盾构管廊下穿盾构区间

间相结合，可以利用轨道交通施工暗挖竖井进入管廊的横通道，两项工程可以合并使用竖井，如图 3-23 所示。

　　对于区间共构工程，如图 3-24 所示，其共构结构将增高增大，较普通暗挖区间使用的台阶法实施转化为 CRD 法实施，将增加施工难度，增长工程工期。

　　综合管廊与区间共构将大大减少前期占地及协调工程，共构造价较两项工程单独修建减少 20%～30% 的费用，但增加了结构实施的工期加大相应的风险。通过一系列的评估及安全措施，共构对于地下空间的整体利用及投资造价的降低将会有深远的影响，将会是未来发展的方向。

3. 综合管廊节点与轨道交通的结合方式

1）与明挖车站的组合方式

结合明挖车站综合管廊的节点设计，主要有逃生口、通风口及出入口的设置。逃生口及

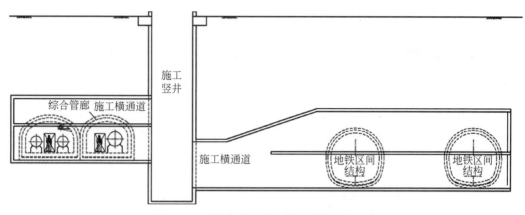

图 3-23　暗挖竖井与综合管廊结合设置示意

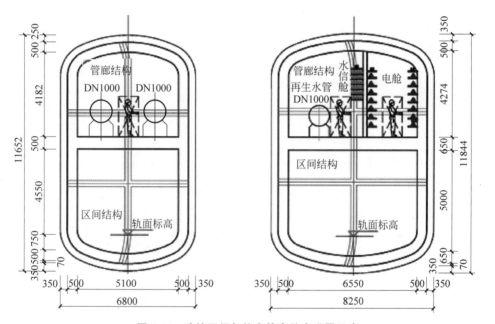

图 3-24　暗挖区间与综合管廊结合设置示意

通风口一般结合车站进行设置，可以设于车站两端的风亭，可与车站风道及风亭结合设置，也可以单独出支线设置，形式分别如图 3-25、图 3-26 所示。

2）与暗挖车站的组合方式

暗挖施工出线节点采用双层结构，一般采取上出线形式，下层为主线管廊，上层设置出线夹层。夹层有效高度应按照出支线的管道、缆线规模及弯曲半径确定，一般不应小于 1.9m。盾构、暗挖施工条件下，管廊节点的间距宜适当增加，参考间距如下：吊装口、逃生口间距按不大于 800m 控制；通风口间距根据计算，采取一定措施后可适当加大；人员出入口每隔 3～4km 设置一处，在人员出入口处设置步梯，同时设置垂直电梯，方便巡检人员出入，如图 3-27 所示。

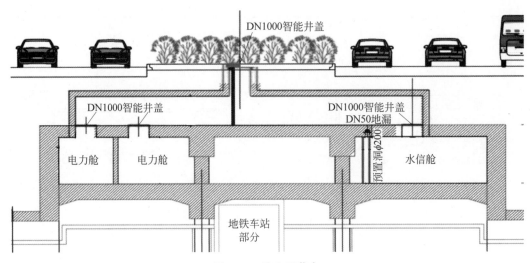

图 3-25 逃生口节点

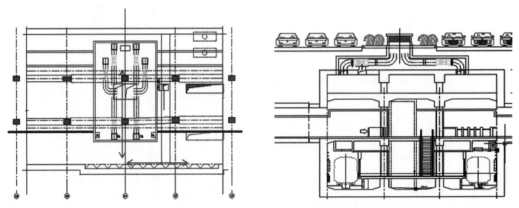

图 3-26 通风口节点平面及剖面

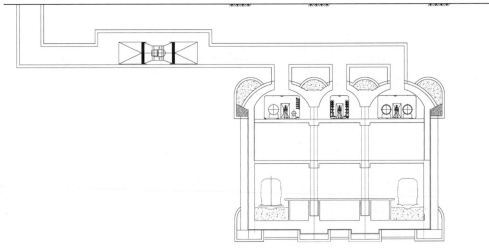

图 3-27 结合暗挖车站设置通风口

3.6 附属结构及景观协同优化

以城市设计为指导,按照"减、隐、降、并"的原则优化出地面附属设施数量及形式,推进附属结构及景观协同优化,优化附属设施布置,促进综合管廊地面设施与地铁、道路空间融合,确保管廊、地铁出地面设施在平面、高程上平顺衔接,并将管廊附属结构设置于道路绿化带内,通过绿篱或景观墙遮挡,融入周边环境,提升周边景观效果(图 3-28~图 3-30)。下面结合世园会内外综合管廊和轨道交通 7 号线(万盛南街)地下综合管廊的工程实践,具体说明附属结构及景观协同优化。

图 3-28 通风口与侧分带绿化结合设置方案

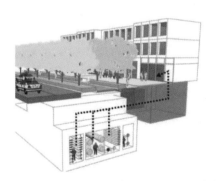

图 3-29 通风口与临街建筑立面结合设置方案

图 3-30 综合管廊人员出入口景观方案

（1）世园会内外综合管廊项目

世园会内外综合管廊呈环状体系，有利于世园会的市政供给安全，同时便于世园会整体开发建设，降低了单独直埋敷设市政管线的难度，加快了世园会建设速度，提高了世园会基础设施建设质量。世园会内外综合管廊在选择通风设备时综合考虑节能环保要求，在满足功能性要求的前提下，选择低噪、高效节能的通风设备。综合管廊出地面的风亭及百叶综合考虑噪声、道路景观、防雨、防淹、路面行车安全等方面的要求。尤其是风亭与世园会景观之间的协调进行了深入的研究，力求综合管廊风亭不影响周边的环境，与周边建筑、道路、景观充分融合（图 3-31）。

图 3-31　世园会内外综合管廊风亭景

（2）轨道交通 7 号线（万盛南街）地下综合管廊

轨道交通 7 号线（万盛南街）地下综合管廊通过将通风分区由 200m 优化为 400～800m。优化逃生线路，将管廊电力舱、综合舱等舱室通过夹层利用地面一个井盖进行逃生或通过结合进风口逃生，减少 80% 井盖数量；将吊装口、放缆口及逃生口等集中设置或功能合并，因地制宜根据不同舱室内管线确定吊装口最大间距，进排风亭、逃生节点、吊装口、人员出入口及变压器等附属设施由 42 处优化为 18 处。图 3-32 为综合管廊与道路、地铁景观优化后效果图。

图 3-32　综合管廊与道路、地铁景观优化后效果

3.7　工法选择优化

目前我国综合管廊的施工方法可分为明挖法、暗挖法、盾构法等。合理选择综合管廊施工方法对实现管廊各项功能,确保工程质量,控制工程风险,控制工程投资都具有十分重要的意义。综合管廊施工方法的选择主要考虑因素一般有工程费用、结构埋置深度、工程地质、周围环境、结构形状和规模、工期、施工队伍的技术水平及施工机具等,通过综合比选研究确定。所选择的施工方法也应体现技术先进、经济合理及安全适用。

北京市干线综合管廊采用明挖、暗挖、盾构法时土建工程费投资指标对比结果如图 3-33 所示,明挖段费用中包含管线改移、交通导改等前期工程费,盾构法数据中最右侧五项为北京市已批复的地铁区间盾构相关概算数据,结果表明,舱室数量相同时(均为三舱),暗挖法断面面积平均为 62.64m²,土建工程费平均投资指标为 13.09 万元/m;明挖法断面面积平均为 34.43m²,土建工程费平均投资指标为 6.02 万元/m;盾构法断面尺寸为外径 6.4m(断面面积 32.15m²),土建工程费投资指标平均为 6.85 万元/m。因此,在实现同等功能情况下,采用明挖法、盾构法、暗挖法之间的土建工程费比约为 0.88∶1∶1.91。图 3-33 中还反映了明挖施工时投资指标波动相对较大,最大时甚至超过了盾构法费用,这是由于明挖施工受地质情况、区域地下既有设施情况、地面交通等多因素的影响,同时与采用不同明挖支护形式对应的费用差别较大有关。

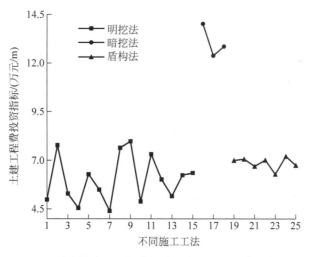

图 3-33　综合管廊(三舱)典型施工段土建工程费投资指标

在工法选择上,园区及随道路建设的综合管廊,条件允许情况下应优先选用明挖法,中心城区尽量结合已开展的轨道交通、电力隧道、热力隧道等大型线性工程的施工工法建设综合管廊,而中心城区地下风险较大及外围协调难度大的区域尽量选择盾构法实施。

综合管廊随轨道交通建设,在选择施工方法时,应结合随建工程建设条件、施工工法,分析不同施工方法的优缺点及适用条件,并进行风险比较和经济技术比选,选择最适宜的施工方法。

轨道交通采用明挖法施工时,综合管廊应优先采用明挖法施工,并与轨道交通工程共用基坑或结构以及降水条件等既有建设条件,节省工程投资。采用明挖法时,综合管廊应采用矩形断面,这种断面可以有效利用内部空间,在同等截面下,矩形的断面结构利用率高于其他断面形状,更能有效地利用地下空间。

在城市中心区,轨道交通工程一般采用暗挖法、盾构法施工,除局部需要进行市政管线改移和交通导改外,对城市交通和周边环境无明显影响。综合管廊选择施工工法时应结合轨道交通施工条件(如施工竖井、临时占地、管线改移、交通导改、降水措施等)以及道路交通、地下管线等情况,对明挖法、非开挖法进行施工比选。对于对道路交通繁忙,地下管线密集,综合管廊采用明挖施工造成对城市交通等功能影响较大或道路导改、管线改移代价过大时,应考虑非开挖法。反之,可采取明挖法施工。下面将结合3号线一期综合管廊工程实践,具体阐述随轨综合管廊工法选择优化。北京地铁3号线一期综合管廊工程结合地铁施工工法及道路交通、地下管线等情况,确定了不同区段的施工工法。

(1)团结湖路—朝阳公园站西

此段长约1km,地铁以暗挖法为主,沿线设有施工竖井可以与综合管廊共同使用;在现状管线方面,沿线有大型热力、电力管沟等受限因素;综合管廊与地铁结合方式多样,包括下穿、侧穿、上跨多种形式,管廊竖向变化大;沿线为建成区,建筑密集,地面交通流量大,新增施工用地协调难度大,现有地铁场地不满足管廊采用盾构施工的需求。综合以上因素,此段综合管廊宜采用暗挖法施工,并与地铁共用施工场地以及部分降止水条件,减小工程投资。

(2)朝阳公园站西—东坝中路

此段管廊长约6.1km,朝阳公园站西设有地铁轨排井场地,朝阳公园站东设有地铁盾构场地,地铁区间采用盾构法,综合管廊在此段下穿朝阳公园站、石佛营站及其站后区间,竖向标高变化较小;石佛营站—东坝中路沿线市政管线受限因素较少,道路红线内有绿化带,且红线外有市政绿地,施工用地条件较好,因此此段综合管廊宜采用盾构法施工,一方面可以避免地下水对工程造价的影响,另一方面也可以显著降低工程费用,提供施工速度。

采用两台盾构进行推进,一台由朝阳公园站东侧地铁施工场地内新建管廊始发井推进至朝阳公园站西侧地铁轨排井场地后解体运出,长度640m;另一台由东坝中路东北角规划绿地内明挖建设始发井推进至上述朝阳公园站东侧管廊始发井后解体运出,长度5460m。

(3)东坝大街段

此段管廊长约1.9km,地铁主要采用明挖施工,沿线道路及管线未实现规划,受限因素少;综合管廊可以利用地铁明挖基坑及降止水条件,确定采用明挖施工。

经梳理,本项目总共有5.2km与地铁3号线路由一致,其中团结湖路—东坝中路3.3km、东坝大街段1.9km。地铁与管廊工法及利用地铁建设条件情况,地铁共用情况见表3-2~表3-4所示。

表 3-2　地铁与管廊工法及利用地铁建设条件(团结湖路—东坝中路段)

序号	管廊区段	车站及区间	地铁工法	管廊工法	利用地铁条件
1	团结湖路—东坝中路段 3.3km	团朝区间	暗挖	暗挖	利用地铁场地2处,利用降水条件(1.0km)
2		朝阳公园站	暗挖	盾构	利用地铁场地1处(地铁盾构场地)
3		朝石区间	盾构		新增管廊场地1处
4		石佛营站	暗挖		利用地铁场地1处
		石星区间	盾构		无

表 3-3　地铁与管廊工法及利用地铁建设条件(东坝大街段)

序号	管廊区段	车站及区间	地铁工法	管廊工法	管廊与地铁结构关系
1	东坝大街段 1.9km	坝河北—东风站	明挖/盾构	明挖	单独开挖415m 共基坑563m
2		东风站	明挖	明挖	共构490m
3		东风站—北小河	明挖	明挖	共基坑87m 暗挖345m

表 3-4　综合管廊利用地铁建设条件比例

序号	区　段		地铁现场建设条件	利用规模	所占比例/%
1	团结湖路—石佛营站	暗挖0.2km 盾构3.1km	利用地铁施工场地	3处	75
2	东坝大街段	明挖1.9km	与地铁共基坑/共构	1.14km	60

3.8　设备系统优化

综合管廊设备系统费用在工程费中占比约为16.7%。开展综合管廊设备系统精细化设计研究,推动设备系统融合,降低设备运行能耗,对降低综合管廊全生命周期综合成本至关重要。这其中最核心的是结合综合管廊类型,因地制宜合理选择设备系统类型,总结提升、优化设备系统布置,以管廊全生命周期角度下的适度适量、集约节约为原则,形成设备系统联动说明书,指导平台与系统的联动,提高运营效率。通过支架承载力计算及负荷桥架需求,节省电缆支架用钢量及精简桥架型号;同步优化通风系统的系统硬件与控制方式,根据实际通风需求调节功率,最大限度利用管廊自然通风,降低管廊运行能耗,实现精细化运行;在安防方面优化摄像机位置并采用先进的以太网供电技术,节省线缆与中间传输设备,节约投资并提升系统稳定性;对于监控中心,通过复核运营维护管理平台硬件需求,优化服务器工作站设备配置等手段,降低建设投资。

3.9　监控中心选址

管廊监控中心是管廊运营维护的中枢,通过管廊内分布的监控和安全防范系统,监控综合管廊内的实时情况,并及时下达控制指令,实现对管廊的24h智能监控和安全防护,是多功能的综合性市政配套设施。监控中心应尽量布置于管廊分布中心区域,为便于后期维护管理及应急抢修工作,综合管廊监控中心宜紧邻管廊的主线工程,之间设置尽可能短的地下联络通道。方便管廊后期运营维护人员的巡查与维护,减少管廊运营维护人员工作强度,提高人员工作效率,降低管廊运行成本。监控中心选址以方便对管廊监控为原则,同时符合城市规划。有条件时应和其他市政建筑物合建,以节约投资。下面具体介绍北京大兴国际机场高速公路综合管廊、随轨道交通7号线万盛南街综合管廊、北京市轨道交通8号线三期(王府井)综合管廊的监控中心工程实践。

(1)北京大兴国际机场高速公路综合管廊

北京大兴国际机场高速公路综合管廊一期工程为北京市乃至国内首个长距离、干线型管廊项目,全长约28km,是保证大兴国际机场高速能源供给的重要市政通道,不同于北京市及国内其他区域性综合管廊,其具有维护管理范围跨度大、入廊管线距离长、安全监控、管理要求等级高等特点。本项目穿越北京城市南部外围地区,沿途多为非建设区,管线运营管理单位维护及维修工区少,运营管理条件差。同时本管廊工程是保证大兴国际机场高速能源供给的重要市政通道,其重要性、服务响应时间及服务质量均要求较高。管廊全线设置南、北2座监控中心与高速综合停车区和管理中心集约设置,不需单独征地,具有节省投资、运行维护高效便捷等特点。

(2)随轨道交通7号线万盛南街综合管廊

随轨道交通7号线万盛南街综合管廊的监控中心与轨道交通车辆段结合设置、同期建设,达到集约利用地上土地,节约利用地下空间的目标(图3-34)。利用既有征地范围进行集约设置,不新增占地,提高了地上的使用效率。

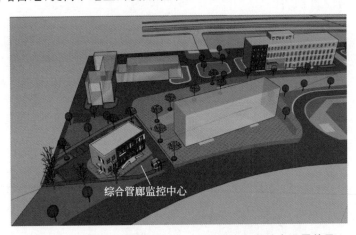

综合管廊监控中心

图 3-34　7 号线综合管廊监控中心与地铁车辆段结合设置效果

（3）北京市轨道交通 8 号线三期（王府井）综合管廊

为节省王府井大街的地面商业用地，充分利用地下空间资源，北京市轨道交通 8 号线三期（王府井）综合管廊工程的监控中心与地铁车站共构，利用王府井北站主体向北的延伸空间，与车站主体同期建设，达到节地、节能、节材设计目标。地下的监控中心设置综合控制室、变电所、小型备料间、机房、办公、值班室等功能用房，通过两侧的出入口通道实现地面、监控中心、综合管廊三者的互通。图 3-35 为综合管廊监控中心及出入口与地铁结合效果。

图 3-35　综合管廊监控中心及出入口与地铁结合效果

第4章 综合管廊建造管理实践

4.1 基于 BIM 技术的智能建造实践

建筑信息化模型(building information modeling,BIM)被认为是继 CAD 技术之后工程建设领域出现的又一项重要的计算机技术,近年来在工程建设领域得到广泛应用。BIM 技术作为一种数据化工具,通过建筑模型整合项目的各类相关信息,在项目策划、设计、建造、运行和维护的全生命周期中进行信息的共享和传递,在提高生产效率、节约成本和缩短工期方面发挥重要作用。接下来将以 2022 年冬奥会延庆赛区外围配套综合管廊工程为例,详细阐述基于 BIM 技术的智能建造实践。

2022 年冬奥会延庆赛区外围配套综合管廊工程具有"绿色文明施工和环境保护要求高、隧道掘进机(tunnel boring machine,TBM)大坡度掘进施工、TBM 组作业难度大、地质复杂和工期紧张、无同类标准"等特点,在管廊施工过程中开展了基于 BIM 技术的综合管廊智能建造实践。通过模型搭建、场地规划、施工组织设计模拟、方案模拟、工程量统计、可视化交底等 BIM 基础应用,以及创新开展绿色场地优化,基于 BIM 对 TBM 的适应性改造,完善 TBM 施工法,因地制宜结合项目施工特点与环境,解决了场地优化、绿色施工、方案优化、进度管控、交底单一等难题,进一步提高了项目整体管理水平,取得了显著效益,为管廊顺利竣工奠定了坚实的基础,也为 BIM 技术在山岭隧道管廊项目中的深度应用提供思路。

4.1.1 基础模型搭建

根据 BIM 实施方案的应用点及项目的重点、难点创建 BIM 模型,即管廊模型(含输水管线)、工艺模拟模型、专业机械设备模型等,如图 4-1 所示,为辅助指导施工提供基础支撑。

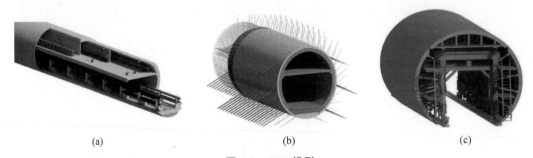

(a)　　　　　　　　　　　(b)　　　　　　　　　　　(c)

图 4-1　BIM 模型

(a) 管廊模型;(b) 工艺模拟模型;(c) 专业机械设备模型

4.1.2　绿色场地规划

鉴于项目位于国家级松山保护区内,绿色环保要求极高。遵循绿色办奥、绿色施工的理念,在场地规划、临建方案阶段,利用地勘数据及无人机扫描等,创建真实的地形模型。运用BIM技术创建三维参数化的临建设施族库,综合地形模型,搭建三维场地规划模型,如图4-2所示,通过场地布置的三维可视化可将土地利用率最大化,减少占地,明确对原有植被的破坏最小、占地最合理的方案,对占地内树木进行分类规划,并制定树木伐移方案及计划、划定免砍伐区等。使用BIM技术对办公区、生活区、TBM组装区、材料加工区等各功能区及附属用房、现场道路进行科学合理规划,充分利用土地资源,降低土地平整、树木迁移的投资成本,达到高效、经济、环保的效果。

(a)　　　　　　　　　　　　　　　(b)

图 4-2　基于 BIM 技术的绿色场地规划

(a) BIM 场地规划模型;(b) 伐移方案及免砍伐区布置

4.1.3　施工组织设计模拟

本项目采用 TBM+弱爆破综合施工,工期对资源配置、协调,施工工序的衔接要求严格,必须严谨有序。将各部位、各工序的进度计划导入 BIM 4D 模拟软件中,通过施工模拟,发现原设计方案资源利用不充分,工期滞后,增设 5 号支洞,如图4-3 所示,确定支洞位置,因此工作面增至 6 个。合理优化施工进度计划,并在施工中实时对比实际与计划的差异及时调整,优化资源配置,提高工作效率,确保了主洞的顺利贯通,二衬的顺利施工,节省工期约 43d。

图 4-3　基于 BIM 技术的施工组织设计模拟(增设 5 号支洞)

4.1.4　TBM 拆解运输及适应性改造

1）TBM 拆解运输模拟及优化

TBM 设备机械复杂,关键构件体积大、质量大,拆解运输是一大难题。经过对运输路线调研及比选,确定运输路线,沿途道路的最低等级为二级,限高 5m,运用 BIM 技术对 TBM 关键构件进行精确拆分及模拟,拆分后最高车货总高 4.9m,如图 4-4 所示,满足要求。

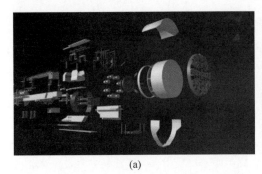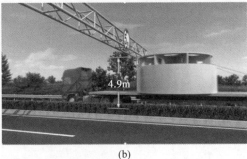

(a)　　　　　　　　　　　　　(b)

图 4-4　基于 BIM 技术的 TBM 拆解运输模拟及优化

(a) TBM 拆分;(b) 运输模拟

2）TBM 适应性改造

本项目管廊由进口到出口垂直高度提升近 500m,为国内首例 TBM 大坡度上坡施工,且由于地质条件复杂,断层多,为提高 TBM 施工对地层的适应性,本工程首次提出"BIM + TBM"及大型设备的正向适应性优化改造理念,开展了对 TBM 适应性创新改造。

(1) 针对 TBM 掘进穿越不良地质段导致 TBM 刀盘和护盾发生被卡现象,根据项目地质情况,基于 BIM 技术论证实施,研发一种能够进行预支护的 TBM 刀盘内超前钻孔装置,对开挖面进行预支护,降低 TBM 在穿越不良地质段卡顿的概率。

(2) 为有效减小 TBM 步进阻力,基于 BIM 技术设计一种敞开式 TBM 后支撑,有效解决后支撑直接坐落于地面或者轨道上滑动造成摩擦力大且易变形的风险,本改造具有结构简单、使用可靠、成本低廉的优点。图 4-5 为基于 BIM 技术的 TBM 适应性改造。

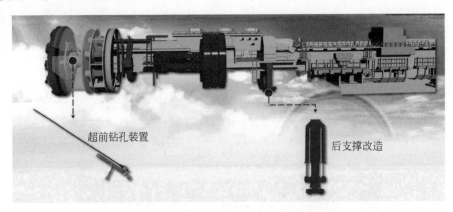

超前钻孔装置　　　　　　　　　　　　后支撑改造

图 4-5　基于 BIM 技术的 TBM 适应性改造

4.1.5　TBM吊装优化及模拟

1) 刀盘吊装方案优化

TBM刀盘整体重272.62t,中心块2块,分别重67.85t、53.57t,边块6块,均为25.2t。吊装方案1,刀盘整体组装完成后吊装,起重机需300t;吊装方案2,刀盘分块组装、分块吊装,起重机需200t。将两种方案的进度计划及资源配置导入模拟软件中,通过对机械费、人工费、工期、安全性等多方面进行对比分析,如图4-6所示。经比选,吊装方案2从成本和安全性上更加经济、合理。

(a)　　　　　　　　　　　　　　　(b)

图4-6　刀盘吊装方案对比优化

(a) 方案1;(b) 方案2

2) TBM组装、吊装模拟

运用BIM技术进一步协助验证TBM吊装设备的选型、站位、可通过性,如图4-7所示,并对整个组装场地的调配、吊装方案比选、组装工序、吊装工序进行模拟,工期由原计划121d缩至87d,优化率达28%,大大提高了TBM组装吊装效率,为TBM组装吊装的标准化提供解决方案。

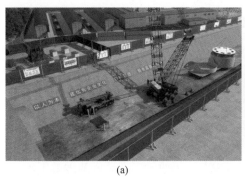

(a)　　　　　　　　　　　　　　　(b)

图4-7　基于BIM技术的TBM组装、吊装模拟

(a) 吊装设备选型及通过性验证;(b) TBM组装模拟

4.1.6　施工方案、工艺模拟

1号支洞位于2号沟谷,与主洞交叉里程为K1+760,支洞与主洞的交叉口段是工程的重点控制节点。1号交叉口起调洞的开挖面宽 12.04m,高 13.43m,施工风险大,施工工序复杂。利用 BIM 技术详细模拟每个工序的施工步骤,加固方案,确保交叉口与主洞的顺利接驳,增加施工面,提高施工效率。

针对传统的二衬施工质量缺陷,搭建精细的 TBM 段仰拱边顶拱及本项目特有的横隔板的工艺模拟模型,进行仿真模拟,明确施工工序、质量标准、注意事项,进一步控制二衬施工质量,确保一次成优。通过运用 BIM 技术对专项施工方案、重点工艺的三维可视动画模拟,更加形象直观,使管理人员及工人印象深刻、易于掌握,如图 4-8 所示。最终,在初支和二衬施工过程检查中一次施工合格率达 98%,合格率明显提高,使得施工质量一次成优。

图 4-8　基于 BIM 技术的施工方案、工艺模拟

(a) TBM 段开挖支护模拟;(b) 起调洞开挖方案模拟;(c) TBM 段仰拱、边顶拱;(d) TBM 段横隔板施工

4.1.7　三维可视化交底

充分利用 BIM 技术的可视化性,避免传统二维图纸交底和口头交底的单一性、不全面性。三维交底所见即所得,更加直观地将项目施工内容、结构形式、技术要求进行展示;发现设计缺陷、优化管廊内部管线布局、优化施工方案等,从而便于工人更好地理解图纸、明确规范及技术要求,减少返工,提高施工质量,加快施工进度。将图纸、工艺要求、质量要求与三维模型整合,综合运用三维纸质交底书、视频交底、VR 交底、现场 720°全景二维码交底等多种手段,进一步完善质量管理手段,提高管理水平,如图 4-9 所示。

图 4-9 三维可视化交底

（a）三维纸质交底书；（b）视频交底；（c）VR 交底；（d）二维码交底

4.2 多项目共构施工技术创新

4.2.1 共构施工面临的挑战

传统各地下设施分散建设模式造成地下空间碎片化、粗放式发展，出现重复建设，造成大量资源浪费。为推动地下空间资源集约高效利用，统筹地下各类设施集约布置，尽可能采用共构布置形式。接下来将以北京大兴国际机场高速公路综合管廊一期工程为例，阐述共构施工面临的挑战以及小距离共构布置技术创新。

北京大兴国际机场高速公路综合管廊一期工程建设过程中，通过强化创新驱动，统筹集约规划建设，创造性地形成了大兴机场线、大兴机场高速公路、团河路"三线共构"、与地下综合管廊"四线共位"、与京雄城际"五线共走廊"的综合配套布局，在北京乃至全国均属首创。

北京大兴国际机场高速公路综合管廊一期工程穿越共构段自规划后查路—庞安路约7.9km 的长度范围内，沿机场高速—机场轨道交通高架共构桥桩基承台之间敷设。共构段管廊与桥梁共构横断面位置关系如图 4-10 所示。地下综合管廊设置于共构段两墩柱之间，且管廊于共构桥梁墩柱完成后实施,由于综合管廊开挖面距离桩基础较近(小于安全距离 $2.5D$,D 为桩径,管廊结构外边线距桥梁承台最小净距仅为 $1.125\mathrm{m}$),将严重影响邻近既有共构桥梁的稳定性,进而影响运营后桥上的高速车道和轨道交通的正常使用,甚至会引起安全事故。为保证桥桩安全,首先本工程从设计阶段采取一定的工程措施,其次在管廊基坑开挖期间,利用无线传输设备对共构桥梁进行稳定性监测,并进行预警设置,保障施工安全。本工程实现了地下管廊结构与桥桩承台结构小距离布置的技术创新。

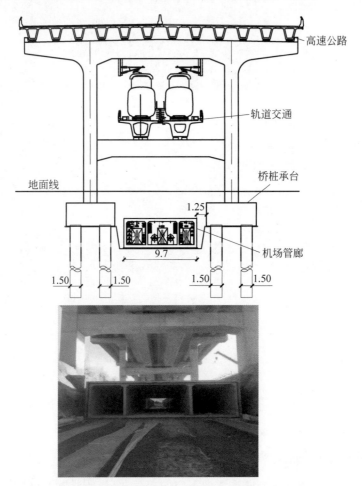

图 4-10　共构段管廊与桥梁共构横断面位置关系(单位:m)

4.2.2　小距离共构布置技术创新

1. 施工技术措施

为减少管廊施工时对共构桥梁的影响,保证邻近桩基础处于安全状态,使桩基侧向变形及弯矩在安全值范围内,综合考虑项目建设征拆条件、工程投资、施工组织等因素需对基底一定范围的土体进行注浆。桥桩段基坑底以下土体注浆加固范围为矩形断面,注浆范围为宽 $7.5\mathrm{m}$,长 $15.5\mathrm{m}$,深 $7\mathrm{m}$ 的矩形注浆体。注浆范围及示意如图 4-11、图 4-12 所示。

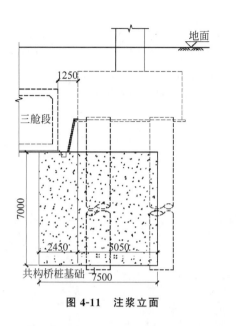

图 4-11　注浆立面

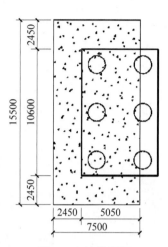

图 4-12　注浆平面

根据纵断面计算布孔位置,根据 1.2m 梅花形布置注浆管位置,计算并控制各轴钻孔角度,注浆管抽拔距离按照 0.5m 考虑,与桩基冲突段根据管廊埋深适当调整注浆管长度,首次打入长度距离桩基不小于 0.4m。注浆顺序为由承台内侧向外侧进行,两承台注浆孔交错进行布置。与桩基冲突区域,注浆管端头与桩基结构距离不小于 0.7m。第一排距承台 6.1m,注浆孔排距 1.2m,共 7 排,布孔示意如图 4-13 所示。浆液采用 P·O42.5 普通硅酸盐水泥,根据需要可在浆液搅拌制作时加入速凝剂、减水剂和防析水剂。水泥浆的水灰比为 1.0,注浆顺序为先外围后中间,隔排跳孔进行施工,注浆时采用分层注浆,每层厚度宜取 0.5m,每次上拔或下钻高度为 0.5m。待达到设计注浆压力 0.4MPa 后再注下一层。

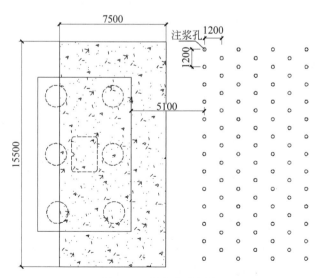

图 4-13　注浆布孔示意

2. 施工监测措施

地下综合管廊开挖基坑时,为控制共构桥梁的变形和稳定性,选取部分断面的桩基作为试验桩基,监测其变形、弯矩值的大小,监测断面在开挖之前均进行注浆加固措施。

因桥梁桩基础在基坑开挖之前已经建好,不能直接监测桥梁桩基的位移及弯矩,故根据项目现场情况和桥梁结构,监测 5 个典型断面桥墩墩底的竖向沉降、水平位移及应力值。监测仪器主要包括静力水准仪、固定测斜仪、应变计及远程监测系统,用于分别监测桥墩的竖向沉降、水平位移及弯矩,如图 4-14 所示,测点布置位置如图 4-15 所示。另外,利用全站仪辅助测量桥墩的水平位移和竖向沉降。

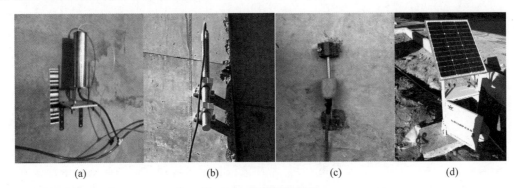

(a)　　　　　(b)　　　　　(c)　　　　　(d)

图 4-14　监测仪器布设

3. 监测数据及理论计算分析

利用有限元软件 ABAQUS,根据现场工况建立考虑上部结构的模型,计算分析桩基的受力及变形情况,并与现场监测数据进行对比验证。现场群桩布置形式和桩基与基坑的相对位置关系如图 4-16 所示。

根据工程概况可知,实际项目中为控制地下综合管廊基坑开挖对邻近桩基础的影响,现场采用注浆措施加固桩周土体,故数值模拟时根据现场注浆加固的范围、强度等参数进行桩周土体注浆加固的数值模拟,注浆加固的土体选用莫尔-库仑本构模型。现场工况中,采用 3 根×2 根的群桩基础,群桩基础由承台连接,承台上接桥墩承担上部荷载,桥墩上部由中横梁连接左右两个桥墩,桥墩顶部有上盖梁,其中中横梁和上盖梁均采用 C50 混凝土。

为分析注浆加固的效果,作为对照组,另外设置一组未采取注浆加固措施的群桩基础进行基坑开挖,并分析其桩身位移和受力。

基坑开挖时,注浆加固群桩基础的变形位移如图 4-17 所示。由图可知,当存在承台、中横梁及上盖梁时,共构桥梁的最大水平位移出现在桩顶及承台的下底面,由于中横梁的弹性模量较高(采用 C50 混凝土),横梁的存在很大程度上限制了桥墩上段的水平位移,在中横梁上段的桥墩水平位移均小于 1mm,其影响可忽略。

计算获得的承台最大水平位移为 4.27mm,现场监测结果表明承台最终水平位移分别为 4.1mm、3.3mm、3.8mm、3.7mm、3.1 mm,取其平均值为 3.6mm,数值计算的水平位移值和现场监测的位移值相差 18.6%。对比数值计算结果和现场实测结果,可以发现数值计算的结果稍大于现场实测值,这可能是由于土体材料参数、本构模型所带来的误差。

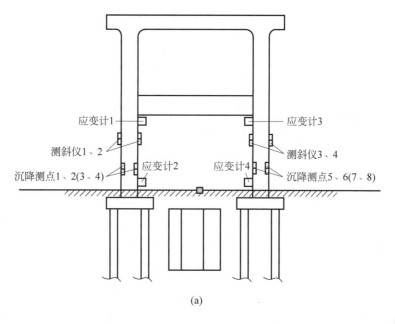

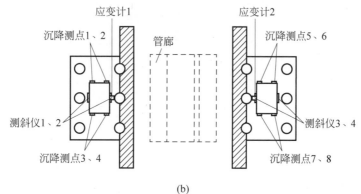

图 4-15 测点布置

（a）测点布置立面；（b）测点布置平面

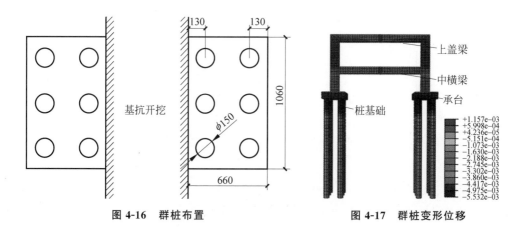

图 4-16 群桩布置   图 4-17 群桩变形位移

整体看,数值计算的结果和现场实测值基本符合,误差在可接受范围内,说明本章建立的数值计算模型正确,参数基本合理,同时表明三维有限单元法分析此类问题时具有较高的可靠性。

4. 共构桥梁桩基变形及受力分析

为研究注浆加固桩周土体的效果,接下来将分析注浆加固和未加固时邻近桩基的水平向力学响应,探讨共构桥梁桩基的变形受力情况。

桩身位移分布如图 4-18(a)所示,发现注浆加固后桩身位移分布形状基本与未加固的一样,都沿埋深递减,最大位移出现在桩顶或桩顶附近处,在桩顶处近桩及远桩的位移均相同。对比注浆加固前后邻近桩基的变形,注浆加固桩周土体后,其桩身位移大幅度减小,结合图 4-19 所示,以远外桩为例,注浆加固后桩身最大位移从 9.7mm 减小为 5.38mm,加固效果达 44.5%,说明注浆加固措施可以取得明显效果。

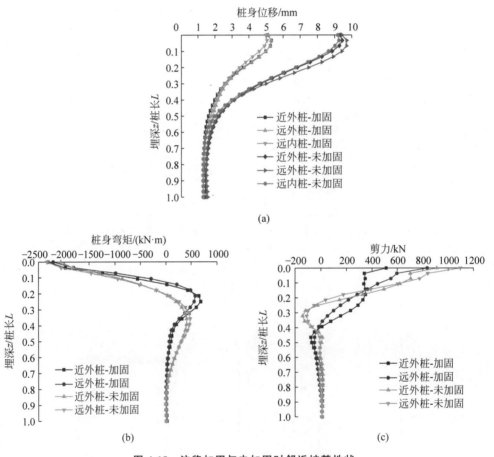

图 4-18　注浆加固与未加固时邻近桩基性状
(a) 桩身位移;(b) 桩身弯矩;(c) 桩身剪力

桩身弯矩如图 4-18(b)所示,可见承台固定着桩基并带动桩基一起发生位移,使得桩基顶端出现较大的负弯矩,同时负弯矩的出现很大程度降低了桩基的正弯矩;与桩周土未加固的桩基相比,加固桩基的正弯矩增大,最大正弯矩的埋深位置也得到提高。另外,容易发

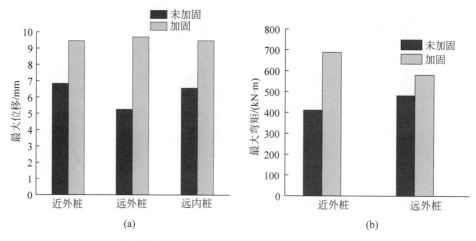

图4-19　注浆加固与未加固时邻近桩基最大性状

(a) 桩身位移；(b) 桩身弯矩

现桩顶处的负弯矩远大于最大正弯矩，故在工程中应更加注意桩身顶端的负弯矩，而不是最大正弯矩。桩身剪力分布如图4-18(c)所示，在桩顶处剪力最大，随着埋深逐渐减小，可以看出注浆加固可以大幅度减小桩身的剪力，特别是桩顶剪力。

4.3　随轨交通管廊建设管理机制创新

4.3.1　随轨交通管廊建设管理面临的挑战

随轨交通管廊的建设与管理需要与轨道交通协同进行，但综合管廊与轨道交通在项目的立项审批、投资体制、主管部门等方面均不相同，均有各自一套成熟的系统；随轨交通管廊建设与随路建设管廊、随棚户区改造建设管廊、随城市发展新区建设管廊、随重大项目建设管廊等均有不同，需要综合管廊与轨道交通整体协调。如何建立起随轨交通管廊的建设运营管理机制，是当前建设随轨交通管廊的首要问题。

结合北京市随轨交通管廊建设经验，综合管廊和轨道交通在项目规划、立项、审批、建设等过程中遇到投资体制不同导致资金来源和下发时间不同，立项时序和审批流程不同导致开工时间不同步，主管部门不同导致责任分工不明确，建设主体不同导致责任主体不统一，工程建设其他费不一致导致两者之间投资界面划批没有统一原则，施工主体不一致导致建设时序和空间统筹困难等一系列问题。

北京市综合管廊的投资体制采用资金补助模式，现阶段按30%的比例给予投资补助，项目立项执行"核准制"，并在项目立项之后执行资金申请报告流程。而轨道交通的投资体制采用政府全投模式，项目立项执行"审批制"，投资体制不同带来的问题是资金来源不同、立项审批程序不同。这样就会导致建设流程时序不统一，建设关键节点时间不统一，导致开工时间不同，工程建设时无法同步实施，"随"轨管廊建设可能就会发生"随不上"的情况。

北京市综合管廊的行业主管部门是北京市城市管理委，轨道交通的主管部门是北京市重大项目建设指挥部及其办公室。随轨管廊是随轨交通规划建设的综合管廊工程,需要综合管廊与轨道交通共同规划、同步立项、统一设计、同时施工,更需要统一协调管理,而两个主管部门分管两个密不可分、相互影响的行业,必然会在管理上有很多相互交叉、相互覆盖、相互不统一不协调的问题存在。

与轨道交通共构段管廊与轨道交通捆绑立项,并同步开展后续施工招标及工程建设工作,非共构段综合管廊和轨道交通的立项程序不同,两者的工程建设都需要通过公开招标方式选定施工主体。两个工程项目中标的施工单位很可能是两家,虽然是非共构段但两项目的施工时序,场地利用还是会有相互交叉、相互影响的情况存在。在工程建设时序匹配及施工场地公共利用的情况下,两家施工单位容易出现施工作业面占地问题、工程进度不匹配问题,出现工程隐患和事故时发生扯皮现象等,对建设单位的管理造成一定的困难。

4.3.2 随轨交通管廊建设管理机制建议

1. 投资体制和审批机制方面

《北京市人民政府办公厅关于加强城市地下综合管廊建设管理的实施意见》中指出,地下综合管廊行政主管部门牵头建立推进地下综合管廊规划建设工作协调机制,道路主管部门、轨道交通建设协调部门分别负责统筹做好城市道路、轨道交通与地下综合管廊同步规划建设工作。与城市道路、轨道交通建设项目同步规划建设的地下综合管廊,要同步规划、设计、审批、招标、施工、验收,其中共构部分应合并立项、合并施工招标。地下综合管廊建设单位为项目第一责任人,对投资效益、安全生产、工程质量及工程建设全过程承担主体责任。各区政府要做好市级地下综合管廊项目属地协调配合工作,并组织做好区级地下综合管廊项目建设管理工作。

随轨管廊只有与轨道交通同步建设才能发挥"随轨"的优势。在投资体制方面,有两种思路:①在投资立项、规划审批、建设管理等体制方面,建议与轨道交通保持一致,都执行轨道交通的投资审批和建设管理制度。随轨管廊建议作为轨道交通工程的配套工程,这样可以保证随轨管廊与轨道交通同步立项、同步设计、同步资金来源、同步招标、同步施工,达到两者的完全同步。②在目前投资体制、审批程序不变的情况下,每一条随轨管廊项目要保持重要节点的一致性(如立项时间、开工时间),保证开工后关键节点建设的一致性,必要时轨道交通也可以"随廊"建设,这样才能发挥"随轨"的优势,统筹协调好两者的施工工序和施工工期。

2. 统一政府主管部门

在北京市重大项目建设指挥部及其办公室和北京市城市管理委的职责分工中都没有对综合管廊的规划、征地、拆迁等前期工作和办理各项行政审批手续等要求,没有这方面的责任分工。随轨管廊项目特点是跨区域、随轨道交通统一实施。对此问题提出两种思路:①随轨管廊与轨道交通一起由北京市重大项目建设指挥部及其办公室统一协调管理,并纳入职责分工,且随轨管廊的建设总体计划执行情况,规划、征地、拆迁等前期工作及协调项目建设各阶段和办理各项行政审批手续等都由北京市重大项目建设指挥部及其办公室统一管理。②建立随轨管廊专职办公室或领导小组,负责统筹协调和管理随轨管廊和轨道交通建设。同时制定随轨管廊建设管理办法和管理机制,由北京市重大项目建设指挥部及其办公室或者专职办公室/领导小组,建立随轨管廊建设机制。轨道交通已经有比较完善的管理机制,综合管廊的管理机制尚不成熟,两个行业可以互相借鉴、互相学习、互相参考,将随轨管廊建设管理机制完善。

3. 项目论证及施工统筹

由于综合管廊与轨道交通的立项程序不同,政府投资体制也不一样,随轨管廊建设的工程超概风险如何规避,也是重要的管理问题。这方面需要建设单位做好前期论证和方案比选工作,做好建设期投资控制,把控设计图纸方案,协调好施工组织关系。由于综合管廊和轨道交通两个行业之间的差异,对随轨管廊的建设单位管理提出更高要求。

建议列支专项前期研究资金,统筹轨道交通规划,开展随轨管廊规划设计,从规划设计角度重点分析论证建设随轨管廊的功能性、必要性和可行性。重点研究随轨管廊周边地块的管线需求、入廊管线的种类、管径大小、管廊断面尺寸、重要节点布置等。重点对比轨道交通与综合管廊共同建设与单独建设的前期费、工程费、施工工期、工程建设其他费、施工的可行性、综合管廊与轨道交通的工艺比较等;重点委托勘察单位对轨道交通和随轨管廊建设地进行现场勘察测量,从全过程的建设阶段和全生命周期分析对比共同建设与单独建设的优缺点、经济效益、社会效益和投资效益。由于随轨管廊建设投资大、影响广,如果前期论证不足盲目开工,将会导致不可挽回的损失。可在建设前期充分论证随轨管廊的建设可行性和必要性,将开工后所有问题和困难都在前期工作论证中化解,将不可预计的损失降到最低。

前期规划做好综合管廊舱室断面使用和预留情况,适当超前但不能过度扩大,对于远期预留的舱室,提供基本的通风、照明与排水设置;做好主体结构的预留预埋;预留设备空间,运营管廊时再进行管廊弱电设备的安装。对于工程移交可采用分段移交与整体移交形式,成熟的可移交段可先移交,并做好记录。对于随轨管廊、随轨且随路管廊采用“一廊一议”的解决政策,具体问题具体分析,做好前期规划、对比分析与现场勘查,合理分析前期费用划分,合理划分轨道交通与综合管廊界面,合理划分施工标段。

对于两家施工企业在一个作业面同时施工综合管廊和轨道交通的问题,建设单位需做好协调管理工作。由于综合管廊和轨道交通原则是两个立项主体,执行分别招标,由两家施工企业中标也是可能发生的。由于随轨管廊的特殊性,在施工阶段,协调统筹好各施工企业的划分界面和关系,对随轨管廊的建设单位管理也提出更高要求。在轨道交通和随轨管廊的建设中做好界面划分,工程上报不能重复不应落项。对施工顺序、施工工期、施工工艺由轨道交通和随轨管廊的建设单位、设计单位和标段施工单位共同协作统筹考虑,主要责任由建设单位负责。

随轨管廊建设任重道远,问题和困难同在。建立合理的协调管理机制,合理规划建设随轨管廊,使得随轨管廊能够健康长久发展下去,也使得综合管廊这一利国利民的“百年大计”能够健康发展下去。

第5章 综合管廊运营维护管理实践

5.1 运营维护管理概述

5.1.1 运营维护管理内容

城市地下综合管廊运营维护对地下综合管廊内环境情况、各种主管线的运行情况提供准确的运营维护信息,为管廊的动态管理提供数据支撑。

随着我国城镇化进程日益加快,城市规模不断扩大,对城市管理的要求也越来越高。综合管廊作为完善城市功能,提升城市综合承载力,保障城市"生命线"安全运行的重要基础设施,得到中央及北京市政府的高度重视。近年来,国务院及北京市政府陆续出台了一系列关于综合管廊运营维护管理的导向性政策,如《国务院办公厅关于推进城市地下综合管廊建设的指导意见》(国办发〔2015〕61号),文件提出:地下综合管廊运营维护单位要完善管理制度,要提高智能化监控管理水平,确保管廊安全运行。《北京市人民政府办公厅关于加强城市地下综合管廊建设管理的实施意见》(京政办发〔2018〕12号)提出:综合管廊运营维护单位要制定完善地下综合管廊运行维护规范,加强地下综合管廊管理体系智能化建设,不断提升地下综合管廊可视化和智能化监测管理水平。《北京市城市管理委员会关于加强城市地下综合管廊运行维护管理工作的通知》(京管发〔2018〕72号)提出:综合管廊运营管理单位负责综合管廊本体及附属运行维护管理,各入廊管线单位负责入廊管线及其附属设施维护及日常管理。管廊运营管理单位与管线单位应共同做好日常维护隐患排查等工作,共同保障综合管廊运行安全。综合管廊运营维护单位要制定综合管廊运行维护、安全管理、人员管理等制度,制定综合管廊年度运行维护计划,建立综合管廊运行隐患排查治理制度,制定综合管廊事故应急预案等。

5.1.2 运营维护管理目标

综合管廊作为地下城市管道的综合走廊,集电力、通信、燃气、供热、给排水等各种工程管线为一体,实施统一规划、统一设计、统一建设和统一管理,是现代化、科学化、集约化的城市"生命线",近年来受到国家高度重视。

综合管廊运营维护管理应当遵循专业化、标准化、精细化、智慧化的理念,坚持统一管理、分类维护、安全运行的目标。确保综合管廊安全有序运营,实现安全、高效、经济、智慧的运营维护管理目标,服务入廊管线,保障城市市政系统稳定运行。

5.2　运营维护管理体系构建

5.2.1　运营维护管理困境

不同城市区域都有多家综合管廊建设运营主体,每个建设运营主体都有多条管廊且覆盖不同区域,且由于综合管廊牵涉多行业、多部门,又没有相关机构对管线单位的行为进行约束,仅通过行政协调的方式很难使各方都满意。由于部分垄断行业垂直管理的特点,以国有公司作为综合管廊运营管理主体,与管线单位直接对话时缺乏对管线单位的约束力。因此,综合管廊的运营维护管理主要涉及 3 方面问题:管理主体、管理内容和管理机制。运营维护管理组织结构即管理主体,各单位部分的分工即管理内容,各单位之间相互管理和自我管理即管理机制。从运营维护管理组织结构出发,深入探索各方的管理内容及关系,研究管理体系是解决运营维护管理问题的基本方法。

5.2.2　三级运营维护管理体系

随着建设规模的增加,综合管廊运营维护压力逐年增大,构建健全的城市综合管廊运营维护管理体系成为适应综合管廊大规模建设的客观需要。针对综合管廊运行管理的多元主体、多重要素的特点,以目标协同为前提、组织协同为保障,并以主体互动、要素整合为发展策略,同时,基于圈层结构和协同管理理论,采用流程分析、矩阵分析等科学方法剖析、解构北京市综合管廊建设运营现状及运营管理、监督管理的发展需求,明确运营维护监管的层级划分,明确各层级的管理主体、管理对象、功能定位、管理职责等。

城市级—公司级/区域级—项目级三级运营维护监管体系总体架构如图 5-1 所示。形成管廊主管部门—各管廊公司—各管廊公司运营分中心三级监管和各管廊公司—各管廊公司运营分中心—管廊现场设备三级控制的管理模式。

三级监管:城市管廊主管部门会直接与各政府部门对接,将全市的综合管廊运营维护管理数据及时反馈给上级政府部门,并接受上级政府部门下达的指令。各管廊公司与城市管廊主管部门对接,将本公司管辖的综合管廊运营维护管理数据按城市管廊主管部门要求及时上报,并执行城市管廊主管部门下达的要求。管廊公司运营分中心与其所属管廊公司对接,将本项目管辖的综合管廊运营维护管理数据按管廊公司要求及时上报,并执行管廊公司下达的要求。

三级控制:管廊公司拥有所属管廊内各设备的控制权,能够远程直接控制现场设备,以安全监控为主,设备控制为辅。管廊公司运营分中心日常对其所负责管廊内的各类设备进行控制,确保管廊日常安全运行。管廊现场设备由工作人员根据现场需要在管廊内设备控制箱处进行控制。

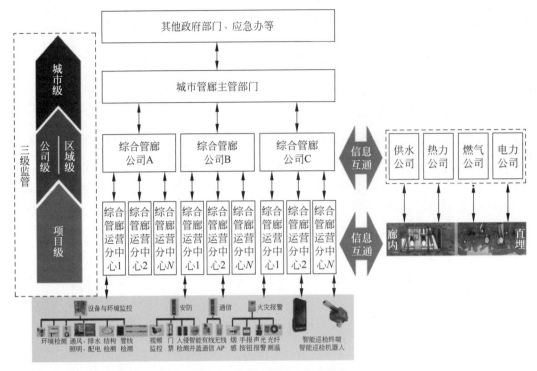

图 5-1 三级运营维护监管体系

5.2.3 各层级职能分析

1. 城市级职能

城市级中心管理范围覆盖全市所有综合管廊项目,旨在支撑北京市城市管理委(北京市综合管廊行业主管部门)的集中监督,具备应急指挥、运营维护监管、大数据分析等功能。①统筹全市综合管廊的安全与应急管理工作,对重要区段的安全隐患进行监控管理,对重大突发事件进行决策指挥;②监督考核全市综合管廊运营维护工作,动态跟踪管廊规模与分布、管线入廊率、运行能耗比等情况;③通过融合、挖掘全市综合管廊的关键数据,为全市综合管廊建设、运营维护管理工作及运行维护措施提出建设性意见,为关联性行业及产业进行交叉分析提供翔实的数据支撑和参考性意见。

1)运营监管职能

城市级中心管理考核全市综合管廊运营工作,监督考察对象为各大管廊运营公司或区域管廊主管单位,监督考核内容包括综合管廊的建设规模与分布情况,综合管廊在安全运行、节能降耗、应急事件响应与处置、管线入廊、运营成本、收费盈利方面的总体情况,以及综合管廊所产生的直接、间接的经济、社会效益及影响等。具体包括:通过城市级三维可视化平台对上述监督考核内容的数据进行多维度分析与展示。体现内容如下:

(1)对全市综合管廊整体运行的安全情况进行监管考核;

(2)对全市综合管廊整体运行的能耗情况进行监管考核;

(3)对全市综合管廊管线入廊整体情况进行监管;

(4)对全市综合管廊收费和运营维护成本整体情况进行监管考核;

（5）对责任单位的运营管理工作进行监管考核；

（6）对全市综合管廊的运营工作及建设部署提出指导性、建设性意见；

（7）作为全市综合管廊的主管单位与其他相关行业的全市主管部门进行对接。

2）应急指挥职能

城市级中心管理统筹全市综合管廊的安全与应急管理工作，对重要区段的安全隐患和重大事件进行监控管理；当重大突发事件或特别重大突发事件（根据《北京市突发事件总体应急预案（2021年修订）》）预警或发生时，对事件的处置、相关资源的调配、与相关单位的协同作业进行统一指挥、调度与协调。具体职能包括以下几方面。

（1）贯彻落实城市地下综合管廊应急工作相关的法律、法规，落实国家、北京市有关城市地下综合管廊应急工作部署；

（2）研究制定北京市应对管廊突发事件的政策措施和指导意见，组织制定和实施北京市综合管廊应急预案；

（3）统一领导全市管廊突发事件的应急处理，指挥应急处置、抢险救援、恢复运营等应急工作；

（4）指挥协调全市有关部门、单位开展应急处置行动；

（5）督促检查各有关部门、单位对管廊突发事件的监测、预警，落实应急措施；

（6）当突发事件超过综合管廊城市级管理处置能力时，按照程序请求上级有关部门支援；

（7）承担上级单位交办的其他工作。

3）数据分析职能

城市级中心管理对全市综合管廊及其关联行业与领域的关键数据进行融合与挖掘，为应急指挥和安全监管提供支持，为关联性行业及产业进行交叉分析提供翔实数据，为城市管理系统的领导决策提供辅助。具体职能包括以下几方面。

（1）形成覆盖全市综合管廊的基础性数据库，包括基础信息库、信息模型库、地理信息库、事件信息库、预案库、知识库、案例库、文档库等，实现全市综合管廊运营管理数据的集中；

（2）通过与业务关联单位管理系统的数据共享与交换，形成结构化信息资源库、非结构化信息资源库、目录信息资源库、共享信息资源库、信息资源专题库、业务数据库等；

（3）完善信息采集与定位机制，构建综合性目录与共享交换体系，实现智能、直观、易用的信息资源服务应用。

2. 公司级/区域级职能

公司级/区域级中心管理范围覆盖各运营维护公司所负责的综合管廊项目，重点在企业内部资源优化配置及企业之间相互协调配合，具备重点监控、运营维护调度、应急调度、资产管理、信息管理等功能。①对运营维护公司所负责的综合管廊项目总体情况进行监控；②统一调度内部资源，对各综合管廊项目进行统筹管理，合理调配人员、设备、设施、备品备件等；③作为突发事件的处置主体，集中调用可用的资源应对突发事件；④对运营维护公司所负责的综合管廊项目资产进行有效管理，开展资产登记、采购、转固、盘点、报废等工作；⑤统计运营维护公司所负责的综合管廊项目各类运营维护信息，及时将运营维护信息上报至上一层级。

　　1）统一监控

　　（1）通过三维可视化平台对全公司/区域范围内的综合管廊运行的总体及重点情况进行监控，主要内容包括：全公司/区域范围内的综合管廊规模与分布，管线入廊分布，即运行能耗、入廊活动、故障跟踪，重要区段的安全隐患及重大事件的监控数据等。

　　（2）通过对采集、接收到的全公司/区域综合管廊的运营维护信息进行大数据分析，对管廊运营维护、安全、应急、资产、入廊等管理方案提出建设性意见，实现运营维护成本控制、资产保值增值及可持续运营。

　　2）运营维护管理

　　（1）以优化资源配置的思想为指导，统筹、调度全公司/区域综合管廊运营维护资源。

　　（2）对全公司/区域范围内的各综合管廊项目的运营维护管理工作进行监督与考核，主要包括：核准各项目单位上报的运营维护相关管理规定、工作计划、工作总结等，根据各项目单位的运行能耗、故障事故、人力投入、采购外委等情况综合评定其运营维护绩效，检查督导各项目单位的运营维护管理工作等。

　　（3）与各入廊管线单位和管廊上级管理部门对接。

　　3）安全管理

　　对全公司/区域范围内的各综合管廊项目的安全管理工作进行监督与考核，主要包括：核准各项目单位上报的安全体系相关文件与应急管理计划，检查、评定、督导各项目单位的安全管理工作，对重大危险源及安全隐患进行动态跟踪与重点监控。

　　4）应急管理

　　（1）建立应急管理组织体系，与管廊运行安全相关单位间形成快速、有效的信息交换与报警、预警通报渠道。

　　（2）编制年度《应急管理计划》，内容包括应急事故处理及通报程序、防救灾及善后处理计划、应急预案、应急演练计划等。

　　（3）对全公司/区域范围内的各综合管廊项目的应急准备措施进行检查、评定、督导，对各项目的应急响应情况进行考核。

　　（4）重大突发事件发生时，统筹指挥应急响应，集中调用全公司/区域范围内可以用的资源优先应对应急事件。

　　（5）对应急事件进行全过程记录，包括事件基本情况、事件发生经过及抢险救援情况、事件造成的人员伤亡及直接经济损失、事件发生的原因与性质、事件责任认定及对其的处理意见、整改与防范措施等。

　　（6）实施应急后期处理，包括事发后对应急抢险情况及时、准确地通报；抢险救援结束后，对事件信息完整、真实地发布；应急状态解除后，对损失、影响的评估和弥补，防止次生灾害、衍生事件的发生或引发社会安全事件措施的实施；事件威胁、危害控制或消除后，对应急和征用物资的及时清点和补充；对所有相关信息及过程记录及时整理、审查；形成总结报告，修订优化应急预案；认定及处罚相关责任人。

　　（7）建立健全应急保障体系，包括确保突发自然灾害信息、党政机关公告信息的准确性、预见性及联系渠道的畅通性；完善综合管廊安全信息库、救援力量和资源信息库并保证其信息资源共享；建立应急物资储备制度；做好本项目应急抢险救灾物资储备；定期对应急小组进行针对性的抢险救灾技能演练；对所有工作人员进行应急知识培训、定期演练并评估改进。

5）运营管理

与入廊管线单位谈判，签订入廊合同或协议，收取入廊费与日常维护费；利用新工艺、新材料、新技术延长管廊设施设备使用寿命等。

6）资产管理

对全公司/区域范围内的各综合管廊项目资产的登记、采购、转固、盘点、报废等活动进行管理。

7）信息数据管理

通过对采集、接收到的全公司/区域综合管廊的运营维护数据进行分析，形成对运营维护资源优化配置、应急响应资料优先调用、运营管理方案改进完善的建设性意见。

3. 项目级职能

项目级中心管理范围覆盖某一综合管廊项目，旨在开展专业化运营维护管理工作，具备综合监控、日常巡检、日常养护、入廊管理、应急处置、数据采集等功能。①采用 24 小时值班制，实时观测综合管廊内环境与设备监控系统、安全防范系统、火灾自动报警系统、通信系统采集的数据，对必要设备进行远程控制及自动联锁；②对综合管廊主体结构、配套设备设施进行巡检和保养；③对进入或使用综合管廊的人员进行监督与管控；④根据应急预案的相关规定，在应急事件发生时，开展应急处置工作；⑤采集综合监控、维护管理、入廊管理、安全与应急管理、物料管理等各类运营维护信息，及时将运营维护信息上报至上一层级。

1）属地监控

（1）对综合管廊环境与设备监控系统、安全防范系统、火灾自动报警系统、通信系统所采集的数据进行集中监视与显示，对必要设备进行远程控制及自动连锁；

（2）对入廊管线的专业管线监控系统的通信数据进行集中监视与显示；

（3）对综合管廊环境与设备监控系统异常预警、事故报警，对安全防范系统报警等非正常信息进行快速定位与响应，并通过可视化方式标注显示；

（4）在应急事件中，综合管廊环境与设备监控系统、安全防范系统、火灾自动报警系统、通信系统等附属设施子系统进行跨系统联动综合处置。

2）日常维护

（1）依据管廊运营单位的管理规定，结合本项目特点，制定具有针对性的管理与作业规程，并报管廊运营公司核备；

（2）对综合管廊的日常巡检、保养、维修、清洁等工作进行周期计划制定、任务派发、执行监管、成效核查、流程审批、信息记录、定期总结、方案优化等；

（3）将年度《运营维护管理计划》及《运营维护管理总结》报管廊运营公司核备；

（4）及时更新维护作业信息，确保各类功能子系统的关联数据实时同步；

（5）通过照明、通风、环境与设备监控、安防视频监控、出入口门禁、人员定位、地理信息等系统间的联动，保障人员入廊作业时的环境安全；

（6）通过智能移动终端及其他便携式智能装备，为人员入廊作业提供提示、指导与便利；

（7）通过综合管廊信息模型系统，对维护作业人员进行三维仿真模拟培训。

3）入廊对接

（1）根据入廊合同或协议，以及管廊运营单位的管理规定，制定具有针对性的管理与作业规程，并报管廊运营公司核备；

（2）对进入或使用本项目范围内综合管廊的活动进行许可管理，包括入廊申请及其附属文件资料的审核、入廊许可的核发、相关流程信息的记录及文件资料的归档；

（3）统筹安排进入或使用本项目范围内综合管廊的活动，做好入廊前的技术对接及其他准备工作；

（4）对进入或使用本项目范围内综合管廊的活动及其人员进行严格监督与管控，包括入廊前的凭证核对、登记、陪同，廊内活动过程中的监控、跟踪，出廊前的现场确认、陪同，离开项目前的再次核对、登记，保留上述所有信息并在一定期限内可追溯；

（5）对入廊单位的施工完竣或巡检维护报告及其附属文件资料进行审核与归档；

（6）定期或及时更新并向管廊运营公司上报入廊管线的敷设情况，利用综合管廊信息模型与地理信息系统，通过可视化方式标注显示，并在管线单位入廊前为其提供相关指导。

4）安全保障

（1）依据管廊运营单位的管理规定，结合本项目特点，建立安全生产组织体系与安全管理制度体系，并报管廊运营公司核备；

（2）加强安全生产管理、健全安全生产责任制度、完善安全生产条件，保证综合管廊安全保障的全面性及预控措施的有效性；

（3）成立安全领导小组，配备与本项目规模相适应的安全人员；

（4）落实安全投入制度、安全培训制度、安全检查制度、安全技术保障制度，按规定编制安全相关年度预算，实施安全培训、检查、评估及预警；

（5）对危险源进行辨识、标记与动态监控，通过可视化方式精准标注显示，并实时同步关联数据，及时、彻底整改发现的问题及隐患。

5）应急处置

（1）依据《应急管理计划》实施应急培训与演练，做好应急储备；

（2）应急事件发生时，根据应急预案进行应急响应，包括设备连锁、信息通报、疏散撤离、抢险救灾、多部门协同联动等；

（3）对应急处置的全过程进行记录。

6）物料保管

（1）依据管廊运营单位的管理规定，结合本项目特点，制定具有针对性的物料保管与作业规程，并报管廊运营公司核备；

（2）对综合管廊备件、耗材等进行预算与计划编制、招采、入库、仓储、领用、维护保养、更换、流程审批、信息记录、定期总结、方案优化等；

（3）对物料进行编码及全过程信息记录，利用综合管廊信息模型系统，完善综合管廊设施设备的全生命周期管理；

（4）及时更新物料信息，确保设施设备台账同步动态更新；

（5）根据运营维护管理计划及实际工作情况，及时调整或优化物料的计划、招采、仓储、领用等活动。

7）信息数据处理

（1）依据管廊运营单位的管理规定，结合本项目特点，制定具有针对性的数据存储与备份策略、文件归档管理规定等，并报管廊运营公司核备；

（2）根据上述策略与规定，对运行维护的各项数据及文件进行存储、备份、归档；

（3）形成综合监控、维护管理、入廊管理、安全与应急管理、物料管理知识集，并对相关信息、数据建立关联；

（4）预测管廊设施设备潜在故障或危险，及时发送预警、通知及相关流程、文件至相应人员；

（5）通过对管廊设施设备能耗、故障率的分析，对管理流程、作业标准、应急预案、维护计划、采购计划提出优化方案，提高作业效率、降低维护成本。

5.3 智能运营维护管理平台

5.3.1 城市级管廊运营维护管理平台

城市级管廊运营维护管理平台汇总各公司级重要数据信息展示，经过对比分析、推演计算，为管理人员综合监管、辅助决策提供依据，提升城市管理水平。通过网络传输以及接口协议将数据传输到城市级平台，对传输的数据进行集中展示，实现横向与纵向的对比，城市级系统构架如图5-2所示。城市级平台功能包括大屏综合展示、综合监控、综合值守、运营监控、预前管理、应急监管、绩效考核，如表5-1所示。

表 5-1 城市级平台主要功能

项 目	具 体 功 能
大屏综合展示	（1）日常态：对各公司的隐患指数、隐患情况、应急情况、入廊情况、视频、健康指数、应急物资情况以及能耗情况进行展示； （2）应急态：当发生应急事件达到城市级监控时，由日常态切换到应急态，在应急态可调出事件发生地的视频监控、可调取应急通信录、查看应急流程，以及应急动态的实时跟踪
综合监控	对全市综合管廊的分布及相关主要信息、关键信息进行集中显示与查看，对部分综合管廊进行虚拟漫游，对下级平台定期报送的信息进行自动处置
综合值守	能够根据业务流程设置，对下级平台定期上报的信息、外部发送的申请及通知进行自动处理，包括流程的执行、数据信息的处理与显示等
运营监控	对全市各综合管廊运营单位的管廊运行安全、企业运营情况，进行汇总、监督、考核
预前管理	监督、考核全市综合管廊运营单位的应急预案编制、应急培训与演练实施情况，应急保障资源情况；辅助完成本部门的应急预案、应急培训与演练工作；向综合管廊运营单位发布预警信息
应急监管	发生重大突发事件时，对突发事件的应急处置情况进行实时监控，为应急处置提供行政协调，对突发事件结束后的恢复、处理、善后情况进行监督考核
绩效考核	对综合管廊运营单位的管理体系建立、安全与应急管理、资料档案管理、社会责任等方面进行考核，通过平台系统统计计算及人工打分相结合的方案，得出各单位运营绩效评分

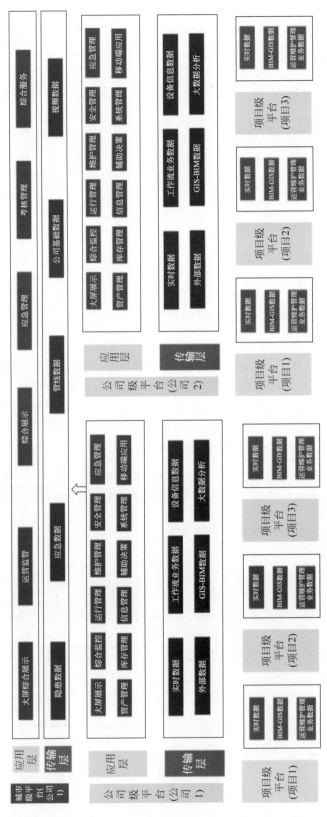

图 5-2　城市级系统架构

5.3.2 公司级管廊运营维护管理平台

公司级管廊运营维护管理平台能够获取公司所辖范围内的项目级管廊数据,经过大数据计算处理,实现公司级平台的业务功能,同时对公司级生成的数据进行过滤、筛选,将符合公司级要求的数据推送到公司级平台,如图 5-3 所示。

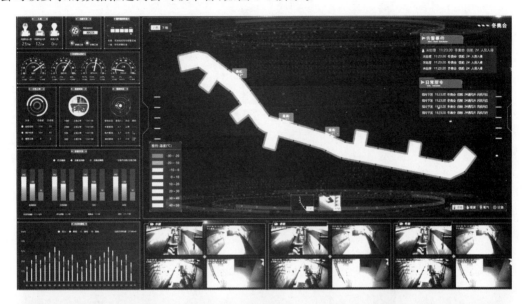

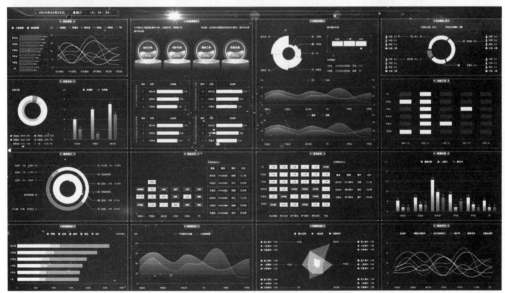

图 5-3 公司级管廊运营维护管理平台

通过网络传输以及接口协议将数据传输到公司级平台,运用大数据技术实现多项目的集中展示,实现业务数据的上传和下达,公司级系统架构如图 5-4 所示。公司级平台主要功能如表 5-2 所示。

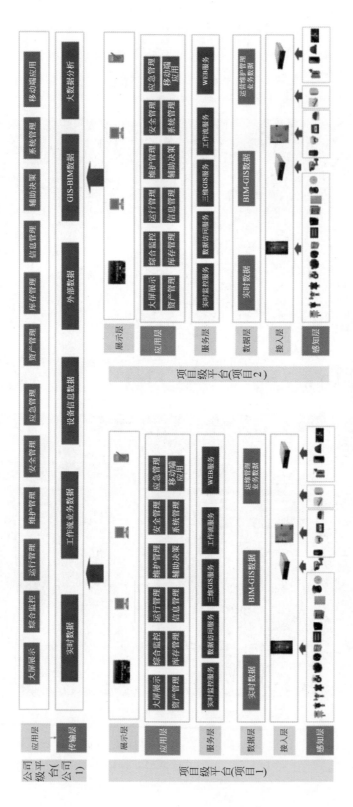

图 5-4 公司级系统架构

表 5-2　公司级平台主要功能

项　　目	具　体　功　能
监控大屏展示	(1) 日常模式：日常模式实现对所有管廊项目日常监控所需的信息展示主要由北京市 GIS 地图、管廊历史统计及当前状况实时展示、单项目监控等部分组成。 (2) 应急模式：在发生紧急情况时，在 PC 端切换到应急模式时，监控大屏由日常模式切换到应急模式。应急模式包含 GIS 地图、应急通信录、应急物资、视频监控、应急流程、实时动态，联动展示应急状况
运行管理	(1) 工作台：分为个人信息、待办事项、值班日历、待办任务、快捷入口、统计图查看。 (2) 综合监控：公司级平台实现多个项目实时监控，包含 GIS 地图展示、BIM 展示、全景图展示、当前人员信息、设备信息、报警信息展示、应急信息展示、融合通信功能。 (3) 巡检管理：项目级平台每日巡检任务完成进度同步到公司级平台，项目级巡检包含巡检策略配置、巡检计划、巡检结果。巡检过程中发现问题及时上报，形成问题台账，进行整改计划。 (4) 出入管理：入廊管理包含本项目级运营维护内部人员的入廊管理、外部单位入廊管理、其他人员入廊管理。当日入廊数据同步到监控大屏上，展示各项目内部人员、外部人员、其他人员实时数量。 (5) 设备管理：包含设备管理以及设备使用情况
维护管理	维护管理主要是对设施设备的维护保养、维修管理、大中修、更新改造、专业检测管理
安全管理	公司级平台实现所辖范围内所有管廊项目的安全运营维护生产，包含安全台账和应急管理，安全台账包含：问题台账、应急台账、告警台账；应急管理包含：应急事件、应急演练、应急通信录、预案管理、应急知识库、场景管理、事后处置功能模块
信息管理	统计分析、资源可视化管理、运营维护周报、绩效管理、单位管理、合同管理、成本管理、培训管理、解决方案
资产管理	(1) 库存管理：项目级平台新增的物资物料数据同步到公司级平台，公司级平台可查看所有项目下物资物料。 对所有项目物资库内的备品备件进行汇总展示，展示缺少库存的备品备件预报警提示，生成物资采购单。 (2) 固定资产管理：实现资产全生命周期管理，可生成资产二维码标签信息，具备资产标签的打印功能
系统管理	实现公司级与项目级的分层级管理，主要包含机构管理、角色管理、用户管理、基础信息配置、高级管理配置、系统日志

5.3.3　项目级管廊运营维护管理平台

项目级平台实现了项目本地化的监控，包含大屏综合展示、运行管理、设备管理、日常维护、安全保障、应急处置、物料保管、资产管理、信息管理及作业端管理，对管廊实现全方位监控和管理，利用物联网、大数据技术，满足智能化监控，对现场运行设备实现远程控制，在发生紧急事件时启动应急联动控制，并支持日常的智能巡检、维护、维修等作业。项目级管廊运营维护管理平台如图 5-5 所示。

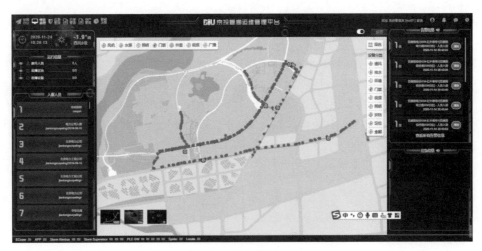

图 5-5　项目级管廊运营维护管理平台

通过 MODBUS 协议和 TCP 协议采集终端数据,在项目级平台集中展示,实现业务数据的上传和下达,项目级系统构架如图 5-6 所示,项目级平台主要功能如表 5-3 所示。

表 5-3　项目级平台主要功能

项　　目	具 体 功 能
大屏综合展示	(1) 日常模式:包含统计图、云图展示、视频图像。 (2) 应急模式:当切换到应急模式时,主要展示与应急相关的信息,包含应急通信录、应急物资、GIS 展示、实时动态、应急流程图、应急视频图像
运行管理	(1) 综合监控:综合监控模块作为管廊安全管控与智慧运营维护的神经中枢,通过数据采集与系统集成等手段,对环控、安防、通信、消防等子系统设备进行实时状态的监测与控制,通过综合监控模块可以查看管廊内管线及通风、照明、排水、防火、通信等设备的运转,该功能模块包含一般故障业务处理流程、应急处理流程的方法,能辅助用户迅速查看、处理现场事故,节约用户处理时间。 (2) 日常巡检:对本项目日常巡检计划的制订、执行以及结果查看。 (3) 出入管理:对本项目的入廊施工申请、入廊巡检申请进行作业审批,出入廊登记,记录入廊时间、人数。对入廊人员配备的设备进行发放、回收管理。 (4) 排班管理:项目本地的日常排班管理,设定班组,调休管理可查看排班日历
日常维护	对综合管廊的日常巡检、保养、维修、清洁等工作进行周期计划制定、任务派发、执行监管、成效核查、流程审批、信息记录、定期总结、方案优化等
安全保障	依据管廊运营单位的管理规定,结合本项目特点,建立安全生产组织体系与安全管理制度体系
应急处置	依据《应急管理计划》,实施应急培训与演练,做好应急储备和应急响应
物料保管	对综合管廊备件、耗材等进行预算编制、招采、入库、仓储、领用、维护保养、更换、流程审批、信息记录、定期总结、方案优化等

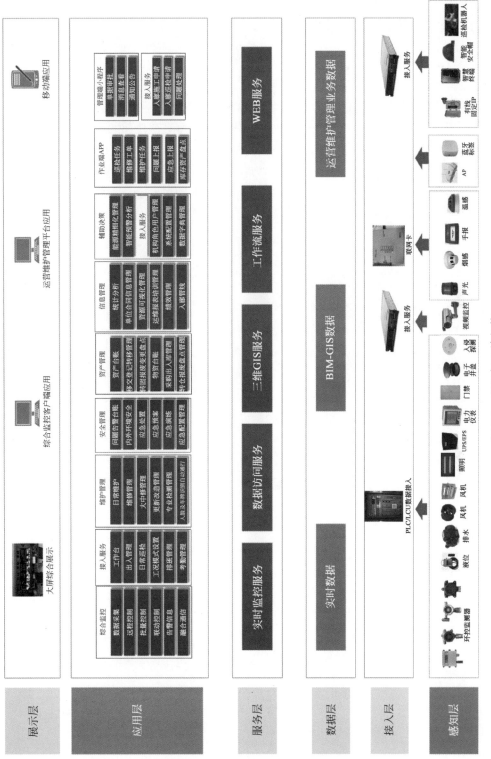

图 5-6　项目级系统架构

5.4   运营维护软硬件创新技术

5.4.1   电子井盖

综合管廊是建于地下的线性构筑物,为保障运营维护人员的安全,根据规范要求设置逃生口。因此,随着综合管廊的大规模建设,也同时建设了大量直通地面的逃生口。如此多的逃生口能够在应急时保障内部巡检人员快速安全逃生,但是在平时却增加了综合管廊被入侵的风险,而且对外部的安全巡检要求很高。为保障综合管廊安全,节约运营维护费用,亟须一种智能化设备应用于综合管廊逃生口,平时能够防止入侵,应急时保障可靠逃生,又能够有效节约建设和运营维护费用。针对此种安全和应用需求,作者公司研发了"一种智能逃生井盖",用于综合管廊逃生口。

1. 设备特点

(1)安全可靠

综合管廊作为敷设管线的空间,全部建于地下,其内部环境较差。综合管廊逃生口尺寸为 1m,因此安装于口部的电子井盖(含井座)尺寸在 1.2m 左右,其质量约 200kg,人员从综合管廊内部逃生时很难人力开启,因此需要设置助力装置,又考虑到逃生口仅在紧急逃生时使用,平时不用开启的特点,设备未采用液压或电动机等自动开启装置,而是设计了与井盖一体化结构的机械助力机构,本设备具有手动、遥控、远程、外部刷卡/钥匙开启等多种开启方式,有效避免了采用自动装置可能产生故障的安全隐患,保证紧急逃生时巡检人员可靠助力手动开启井盖。同时,由于敷设了大量的电力电缆,具有较强的电磁干扰。因此,为满足综合管廊内的使用条件,专门设计了具有高 IP 防护等级、高电磁兼容性的电子井盖控制器,保证井盖在综合管廊环境内可靠运行。同时,采用先进的通信技术、电源技术、传感器技术进行实时监控,将井盖状态、井盖开启、非法开启井盖等状况上报到统一的维护管理系统中,支持在管廊统一管理信息平台展示井盖所处位置的状态和报警内容,监控人员能够及时到现场处理,快速解决安全隐患。电子井盖控制器具有对井盖状态的实时监测功能,平时如果被非法开启和入侵,能够及时发出报警信号。

(2)经济适用

电子井盖采用机械助力机构,不仅生产成本低,投入使用后对平时的运营维护保养要求也较低,能够有效节约运营维护费用。高 IP 防护等级、高电磁兼容性的电子井盖控制器能够很好地适应综合管廊内的环境,延长设备使用寿命,节约综合管廊全生命周期费用。

2. 设备介绍

电子智能井盖主要由井盖、井座、助力结构、电子器件、软件等几部分组成,如图 5-7、图 5-8 所示。

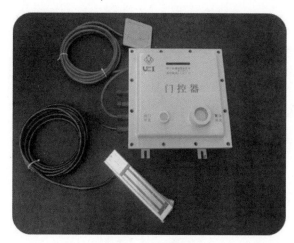

图 5-7　控制设备

图 5-8　电子智能井盖安装

5.4.2　融合通信系统

为实现地下综合管廊的智慧化运营维护,需提高地下综合管廊的通信系统,贯通通信系统才能实现人员的实时定位、智能巡检、智能维修维护管理,保障管廊的安全运营维护,提高运营维护效率,实现运营维护的降本增效。基于综合管廊智慧运营管理平台,采用窄带物联、边缘计算、矩阵分析等方法,研发了融合通信以及本地业务控制单元装备,实现一网统管下的运营资源集约动态分配、装备就地控制以及在异地异网运营情况下的实时协同通信,最终解决了大规模、跨区域、运营主体多元化特点下的综合管廊运营成本高、信息传递慢、应急联动难和设备终端处置复杂的管理和技术难题。

融合通信是基于公有云或私有云平台的全 IP 构架系统,与 4G、有线网以及各类专网技术完美融合后,可轻松完成大范围不同人员统一通信指挥,实现全员协同通信、实时视频指挥、资源 GIS 管控和图形化任务交互;系统具有良好的兼容性、实用性、安全性和可靠性,在异地异网情况下实现全部功能的统一部署和管理;系统实现平战结合,为应急指挥提供最广泛的通信能力、最丰富的基础决策信息、最有力的执行手段。

融合通信系统可通过各种数据通信网络对行业用户的各种类型通信终端进行调度,如通过有线 IP 网络实现对有线/无线调度话机进行语音调度,对固定点监控摄像头/可视电话/单兵设备进行视频调度;通过 PSTN/GSM/CDMA 网络实现对外线电话进行远程语音调度;通过集群对讲网络实现与对讲终端的调度;通过 3G/4G/5G 网络实现对远程一线人员进行远程音视频调度;通过无线宽带网络实现对多媒体移动手持终端进行音视频调度。系统还可与传统通信系统进行对接,实现系统的无缝对接,满足客户的多种使用环境,并降低系统改造成本。

融合通信系统整体拓扑图如图 5-9 所示,系统由融合通信管理主机、录音录像存储主机、融合通信调度台、各类接入网关和各类终端组成。融合通信管理主机实现语音视频的调度和管理。录音录像存储主机实现录音和录像,可根据实际需求进行配置。系统可接入的终端包括:固定终端、普通 IP 电话、移动手持终端、可穿戴终端、智能手机 APP 等,还可通过语音接入普通电话设备。室内定位标签用于实现终端在室内定位,可支持蓝牙/Wifi 等不同方式。

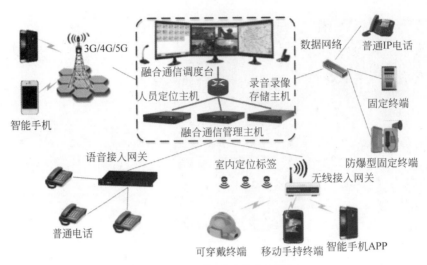

图 5-9　融合通信系统整体拓扑图

融合通信系统主要有语音融合、对讲融合、视频融合、视频回传、图片上传、视频、图片分发、点对点视频、视频会议、GIS 功能、终端设备功能等。

1）语音融合功能

融合通信系统可把用户已经部署的多种语音通信系统接入，如行政电话系统、对讲系统、扩声广播系统、PSTN、卫星电话、移动电话网、3G/4G 系统、无线专网系统、单兵系统等。实现多种通信系统的集中接入、集中管理、集中调度，并可实现不同通信系统之间的互联互通，语音融合拓扑图如图 5-10 所示。

图 5-10　语音融合拓扑图

融合通信系统实现有线和无线宽带上的 IP 语音调度,可进行更广域的人员部署,跨区域、跨系统亦能轻松实现调度,支持多用户的呼叫并发功能,包括调度台用户,支持多级分布式级联部署。

2)对讲融合功能

融合通信系统通过部署专用集群对讲接入网关,把不同制式、不同频点/信道、不同厂家的集群系统统一接入 IP 网络中,通过多媒体调度台实现统一调度,并实现不同类型对讲系统之间的互联互通,以及集群对讲系统和其他各通信系统终端的互联互通。图 5-11 为对讲融合拓扑图。

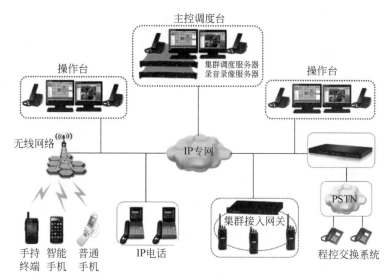

图 5-11 对讲融合拓扑图

(1)实现一键呼叫、一呼百应、话权申请、动态建组、迟后进入、切换对机组、踢出对讲、追呼、话权释放等功能。

(2)具有动态建组功能,可以将不同频点、不同通信设备组建新的对讲组,实现一按即讲功能。

3)视频融合功能(图 5-12)。

融合通信系统支持丰富的视频融合功能,将有线/无线视频、视频监控、视频会议和指挥调度融为一体,实现了强大的视频融合功能,满足了应急状况下的音视频高度统一和快速响应需求。通过多媒体调度台对任意移动终端或固定视频信息进行统一管理,可以对这些视频进行录像、抓拍,可以将实时的视频和图片对系统内任意用户进行分发、转发等,真正实现视频信息的扁平化和快速协同共享。

此外,移动视频与视频监控、视频会议系统形成有效互补,为快速处置提供了多视角的决策依据。

融合通信系统可以把用户已经部署的多种视频通信系统接入,如 3G/4G 视频系统、无线专网系统、固定视频监控系统、单兵、视频会议等。可实现多种视频通信系统的集中接入、集中管理、集中调度,并可实现不同视频通信系统之间的相互转发、分发。

融合通信系统可以将不同网络制式的终端通过 IP 网络接入,调度台可以将不同的视频

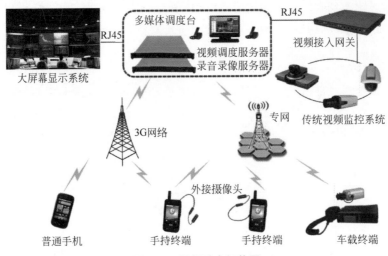

图 5-12 视频融合拓扑图

终端上传的视频、图片进行分发、转发给其他终端。同时终端和终端之间也可以不通过调度台进行视频、图片的转发、分发，这样就可以实现指挥中心对各终端进行统一的指挥管控。

融合通信系统可以实现基于 IP 网络的视频会议功能，系统将各类视频终端统一融合到平台中，实现不同地点、不同人员、不同终端的融合会议。

（1）支持多路视频并发回传功能；

（2）支持图片的远程抓拍；

（3）图片分发转发功能，采用点到多点的视频转发技术；

（4）实现多路视频转发能力；

（5）终端和终端之间可以实现双向视频呼叫。

4）视频回传及图片上传功能

视频回传及图片上传是融合通信系统的主要功能，可以通过多媒体移动手持终端和加载系统软件的智能手机实现，将现场工作情况实时回传到指挥中心，指挥中心收到终端回传的视频或图片后，从视频或图片中快速定位现场的关键信息，指挥中心领导通过语音操控器一对一或一对多通信方式快速指导。图 5-13 为视频回传拓扑图。

多媒体移动手持终端在视频回传时，还可以根据现场情况主动抓拍图片，并上传到指挥中心主控台上，在指挥中心调度台调度状态记录区可以看到图片的上传、下载过程，调度员可以单击调度台上图片显示窗口查看图片。

调度台还可以将本地拍照、远程抓拍、终端主动上传的图片实时推送到大屏上显示，同时还可以将这些有效图片分发、转发给其他终端来实现数据信息共享，也实现了指挥中心对各终端实时的、统一的、高效的指挥调度。

5）视频、图片分发功能

指挥中心调度台可以实现视频、图片的分发等功能。在调度台的调度状态区能看到图片、视频的调度详细记录。在图片显示窗口中能查看本地拍照、远程抓拍、终端抓拍上传的所有图片。同时调度台也可以将这些图片分发、转发给终端用户（当前在线用户）。终端接收完调度台分发的图片即可单击预览。图 5-14 为视频、图片分发功能。

图 5-13　视频回传拓扑图

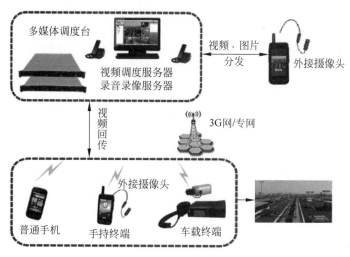

图 5-14　视频、图片分发功能

6）点对点视频功能

现场点对点视频功能支持基于无线网络的手持终端、智能终端的图像采集和传输。操作人员可以任意、随机查看终端现场图像信息,同时指挥中心通过大型会议终端将会场情况实时推送到终端上显示,确保现场用户和指挥中心异地会议同步。

7）视频会议功能

融合通信系统视频会议功能实现对视频会议的创建、结束、追呼、踢出、本地录像等功能。视频会议系统通过有线/无线网络,可以将在各个地点(如现场、指挥中心)的各类终端设备(如视频会议终端、移动终端、智能手机、视频监控摄像头)和各种人员(指挥人员、专家、现场人员)添加到会议中,实现设备、地点、人员之间的互联互通。

8）GIS 功能

融合通信系统可以向用户展示直观、生动、丰富的地理信息,通过多按钮设置,进行地图的放大、缩小、平移、测距、测面积、标记、全貌等功能操作。任意拖动地图,通过选择比例尺,对目标地点实现精准化定位、查询和标记,标记形式包括位置点标记、路线标记、热点区域(圆形、矩形、多边形)标记、文本标记等。

系统可实现多图层展示,如基础图层、人员图层、车辆图层、资源图层、固定点视频图层、集结点图层、路线规划图层、火灾报警图层、环境监测图层,并可根据客户需求,对图层进行定制化设计和开发。

(1)用户在移动过程中,通过多媒体移动手持终端上的 GIS 地理信息平台查看其他终端的位置,可以在地图界面对现场人员和分中心进行单呼、对讲组呼、视频通话、指令下发等操作。

(2)当突发事故发生时,可通过终端直接对附近终端发起集群对讲。

(3)报警设置:对车载终端实现更准确的位置管理,对监控范围内的车辆船舶越界、闯入、偏离、自动触发报警。

(4)轨迹监控:对移动终端的路线进行记录,通过宽带无线网络输入指挥中心,并在GIS 地图上显示出来;通过测试工具测量出任意两个终端的距离,寻找距离事故点最近的终端位置,进行就近增援。

(5)任务小组成员可以实现对讲功能,以便小组之间进行简单快捷的通信。

(6)支持对现场人员进行手机通话,以保证在无线数据传输受限情况下可以联系到现场人员。

9)终端设备功能

(1)智能安全帽设备

智能安全帽设备为管廊运营维护人员提供安全、智能保障,具备照明、与监控中心实时视频、对讲、拍摄、调度以及 SOS 一键求助功能。图 5-15 为安全帽功能介绍。

(2)移动终端设备

移动终端为运营维护人员提供便捷办公,具备融合通信所涉及的照明、与监控中心实时视频、对讲、拍照、调度以及 SOS 一键求助功能,还可实现定制化巡检任务、维修维护功能,实现与平台的联动。图 5-16 为手持终端。

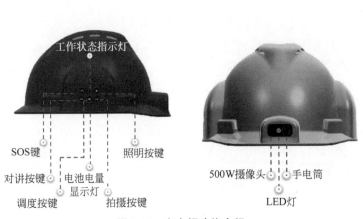

图 5-15　安全帽功能介绍

图 5-16　手持终端

5.4.3　智能巡检系统

1. 智能巡检机器人

智能巡检机器人集群与数字化管网、计算机云平台结合,可实现日常维护和实时数据采集。巡检机器人的可运动姿态检测单元和智能控制影像录制处理终端,可以根据应用场所需求,搭载热成像仪、声呐、机械手、多功能气体检测仪等传感器或专用工具,实现对各种场所的实时影像检测、分析处理。

2. 智能巡检车

智能巡检车具备定位、检测廊内环境气体以及其他数据监测功能,可通过监控平台实时监测智能巡检车的位置,提高巡检效率。

智能巡检车在日后的使用中,可以减少运营维护巡检浪费的大量人力、物力,真正做到巡检集约化,为运营维护工作带来最大化效益。成熟的巡检车运用于城市综合管廊运营维护,有助于推动地下综合管廊智能化运营维护和管理。

5.5　精细化能源管理及关键技术

据调研测算,目前综合管廊每公里每舱年能耗费用达 6 万元。到 2035 年,仅北京一城就规划建成管廊 450km,届时年能耗费用高达 8000 万元,对管廊事业的可持续发展带来巨大的压力,因此有必要在综合管廊规划设计时对已建设管廊进行节能诊断,降低能耗,积累数据;对规划中的管廊,能源管理介入前期工作,全生命周期节能降耗。但是目前,我国综合管廊规划设计规范粗放,对于综合管廊各系统的规定偏于安全,缺乏管廊节能设计方面的指导,主要体现在:照明设置与运行较为机械,管廊通风多依靠机械通风排除余热与浊气而忽略管廊自然通风的作用,电缆散热量缺乏实际依据,经验估算误差较大等,这也造成设计方案偏保守,土建设备成本增加,实际运行效率低,能耗白白浪费。国内外对综合管廊节能运行理论研究尚不够充分:管廊运营里程较短,管廊内湿热、空气环境状况和能耗分项计量运行数据积累不足,管廊内设备系统众多,分项能耗管理较为粗放,尚无成熟的管廊能耗评价体系,管廊节能降耗工作缺乏理论指导和评价标准。因此,急需研究管廊的合理能耗水平、可实际指导运行的策略以及设备节能运行的控制方法,为未来综合管廊的精细化能源管理提供可靠依据。

目前针对综合管廊的相关研究多集中在管廊发展建设现状及其存在的问题、通风系统的设计探讨、通风特性及管廊内部热环境的数值模拟,而针对综合管廊的能耗特点则没有相关研究,一方面是由于新国标下建设运营的管廊实际运营数据积累较少;另一方面是管廊的分项计量系统设置并不完善,有的管廊工程甚至没有分项计量系统,这些为开展管廊能耗研究带来困难。此外,与公共建筑具有完善的能耗指标体系相比,综合管廊在该方面也是一片空白,如何根据实际使用设备对能耗数据进行合理拆分,如何通过监测数据建立起能耗指标体系并推动能耗精细化管理是综合管廊实际运行管理过程中面临的难题。基于电力监控系统平台,通过数据挖掘与理论分析,首次揭示了综合管廊实际用能特征,建立了基于现场实测和理论分析的综合管廊能耗模型,采用定额水平法确定了综合管廊能耗指标,制定了基于前馈控制的综合管廊精细化运行策略,解决了综合管廊用能水平不合理的现状,填补了国内综合管廊能耗模型、能耗指标及运行策略方面的空白。

5.5.1　能耗模型

图 5-17 所示为一典型综合管廊,各变电站出线柜按检修用电、消防用电、风机用电进行计量,监控中心用电有单独计量,变压器损耗由供电局高压侧计量数据与低压侧电力监控系统数据差值得出。可以看出,现有计量分项情况并不完善,没有将管廊主要用电设备用电情况清楚展现,如照明系统、弱电系统等的能耗,这也是当前综合管廊分项计量的现状。通过数据挖掘与理论分析,厘清了管廊能耗结构,图 5-18 为管廊实际能耗结构构成。

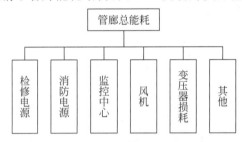

图 5-17　综合管廊分项计量系统

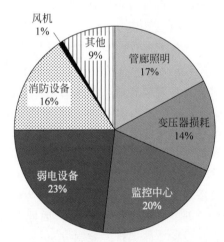

图 5-18　综合管廊实际能耗结构构成

可以看出,综合管廊弱电设备用电占比最高,达 23%,其次是监控中心,占总用电量的 20%,管廊照明及消防设备用电量相当,分别占总用电量的 17%、16%,变压器损耗占总用电量的 14%。由于当前管廊温度全年处于较低水平,基本无通风降温需求,因此风机能耗较低,只占总用电量的 1%。根据管廊实际能耗特点,可将管廊能耗模型展示如图 5-19 所示。

1) 弱电设备能耗分析

图 5-20 为一典型检修电源每日逐时用电量,检修电源同时负责廊内普通照明、生产用电及弱电系统用电,根据设计资料及现场实地调研,对主要弱电设备数量进行统计,同时对

逐时功率进行回归分析。弱电设备理论值与实际值对比如图 5-21 所示,误差在 2.5% 以内,说明弱电设备能耗模型计算结果准确可信。

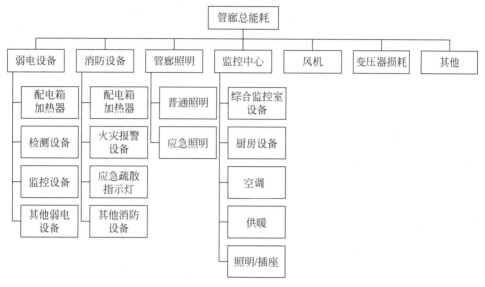

图 5-19 管廊能耗模型

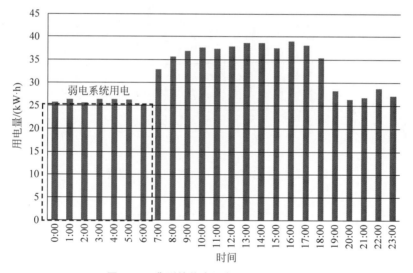

图 5-20 典型检修电源每日逐时用电量

2）消防设备能耗分析

图 5-22 为一典型消防电源每日逐时用电量,消防电源同时负责廊内应急照明、EPS 及消防设备用电,根据设计资料及现场实地调研,对主要消防设备数量进行统计,同时对逐时功率进行回归分析。消防设备理论值与实际值对比如图 5-23 所示,误差在 3.0% 以内,说明消防设备能耗模型计算结果准确可信。

3）管廊照明能耗分析

由于照明能耗并未单独计量,无法直接得出照明能耗,根据管廊典型日实际能耗变化规

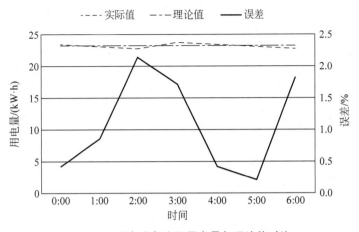

图 5-21   弱电设备实际用电量与理论值对比

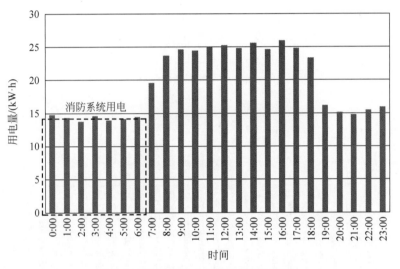

图 5-22   典型消防电源每日逐时用电量

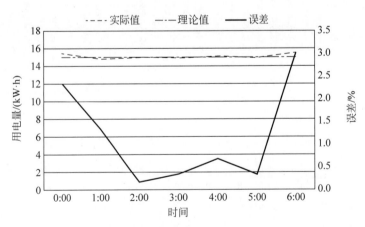

图 5-23   消防设备实际用电量与理论值对比

律及电力监控系统数据,可以间接得到管廊照明能耗。图 5-24 为 10 月一典型管廊每日逐时用电量,可以看出,管廊用电呈现明显的时间分布规律,0 点至 6 点,20 点至 23 点,管廊内无巡检及其他作业,此时用电基本为固定设备用电,每小时用电量几乎没有变化,从 7 点开始,运营维护人员入廊巡检,管廊开启照明设备,用电量开始上升,由于巡检位置、巡检时间、作业位置、作业时间并不固定,开启照明设备的区间及开启时长也会发生变化,能耗也随之发生波动。根据电量逐时变化规律及管廊日常运营维护时间,可以确定图中框选部分即为照明能耗,由此得出月照明能耗为 10050kW·h。

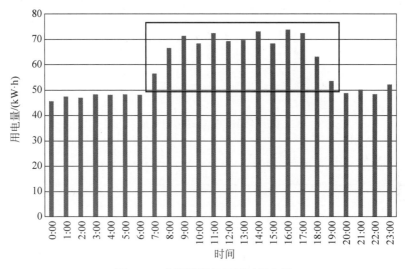

图 5-24　典型管廊每日逐时用电量

另外可以通过有管廊总能耗减去已知能耗间接求出照明能耗,但前提是计量数据完整且真实有效,对计量系统的要求较高。由前文分析可知,弱电系统、消防系统能耗基本固定,且前面验证了能耗模型的准确性,因此,可用管廊总能耗减去弱电、消防、监控中心等已知能耗求出照明能耗,计算得出照明能耗为 8741kW·h,两者相差 13%,在工程可接受范围内。

4）监控中心能耗分析

监控中心实际上是一座小型办公建筑,按使用功能划分为监控大厅、办公室、食堂、宿舍、机房等区域,其能耗规律、能耗模型可参照公共建筑能耗的研究方法。

5）风机能耗分析

由于当前管廊温度全年处于较低水平,无通风降温需求,因此风机基本处于关闭状态。管廊风机均为定频风机,定频风机的能耗计算可由时间功率法计算得出。

6）变压器损耗分析

由前文分析可知,管廊用能的一大特点是变压器损耗偏高,可占管廊总能耗的 14%,由图 5-25 可知,典型各变电站每日逐时用电量最大 100kW·h 左右,转换成视在功率不大于 125kV·A,而变电站总配置容量高达 4200kV·A,管廊当前实际用电情况与变电站变压器配置容量严重不匹配,图 5-26 为典型各变电所变压器每日负载率,可以看出各变电所变压器负载率在 2%~9%,变压器容量配置严重偏大。而变压器的经济负载率通常在 45% 左右,此时变压器损耗在 2% 左右。

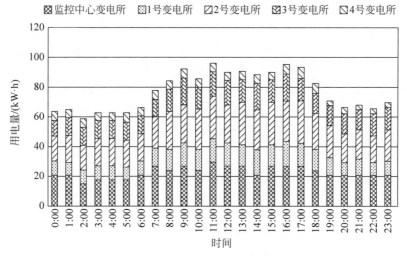

图 5-25　典型各变电站每日逐时用电量

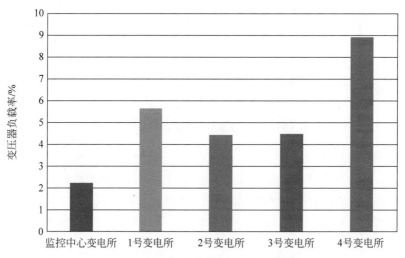

图 5-26　典型各变电所变压器每日负载率

7）其他

其他用电主要包括水泵用电、计量不明的设备用电、线路损耗等，该部分电量占到总用电量的 9%，不可忽视，应进一步完善分项计量系统，从而在实际数据基础上对该部分用电量进行分析。

5.5.2　能耗指标

如何针对综合管廊能耗特点制定合理的能耗指标评价方法目前是管廊节能工作面临的一个难点。国内外学者对公共建筑能耗基准评价方法已进行大量的研究，归纳起来有：多元线性回归拟合方法、建筑能耗模拟方法、建筑能耗分值评估方法、建筑能耗分级末端性能评价方法、建筑能耗人工智能方法、建筑能耗数据挖掘算法和建筑能耗相关系数法等。从建筑比较的角度考虑可以分为两类：①建立在大量能耗统计数据基础之上的多栋建筑的横向比较方法,包括多元线性回归拟合方法、建筑能耗人工智能方法和建筑能耗数据挖掘算法等;②应用于单栋建筑内部的纵向比较方法,包括建筑能耗模拟方法、建筑能耗分值评估方法和建筑能耗分级末端性能评价方法等。

　　由前文对管廊能耗结构的分析结果可以看出,管廊的实际能耗特点与公共建筑差别很大,除了监控中心用能会受到季节变化影响外,管廊内部设备用能基本不受其他因素影响,因此公共建筑中常用的多元线性回归、建筑能耗模拟等方法并不适用于管廊能耗,因此管廊一般采用统计学中的定额水平法来确定能耗指标。

　　图 5-27 为非供暖季采集到的综合管廊每日能耗区间分布,共计 108d,从图 5-28 中可以看出,管廊每日能耗中位值在 1506～1578kW·h/d,出现频数 55d,约占总频数的 51%,根据定额水平法,取该区间算术平均值,即 1539kW·h/d 作为该管廊能耗指标或能耗定额。而能耗区间位于 1434～1506kW·h/d 的频数为 20d,基本处于"前 1/4 分位值",可将此区间算术平均值 1466kW·h/d 作为指导值。图中">1650kW·h/d"的频数为 14d,占样本总

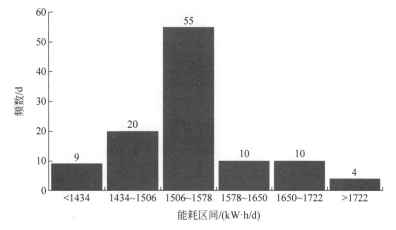

图 5-27　能耗区间分布频数

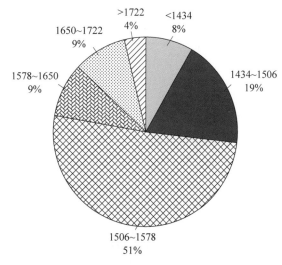

图 5-28　能耗区间频数比例(单位: kW·h/d)

量的 13%，其算术平均值 1763kW·h/d 可作为其约束值。在建立建筑能耗指标体系时，可制定高能耗天数限额，即时间指标。针对该管廊可规定非供暖季能耗超过 1763kW·h/d 的时间不超过 13d。同时，当该建筑日能耗超过 1763kW·h/d 时应设立报警机制，需管理人查出高能耗的原因。

5.5.3 精细化运行策略

根据制定出的合理能耗指标值，可得出在非供暖季管廊合理能耗指标值应不超过 4.6 万 kW·h/m，表 5-4 为管廊在原运行策略下非供暖季典型每月能耗结构，每月总能耗为 6.51 万 kW·h。通过对管廊能耗数据挖掘分析并结合现场实际运营维护需求，找出管廊能耗高于指标值的原因，表中黑体部分即为存在的节能点，也即精细化运行策略研究的切入点。通过分析表中数据，预计可节省电量 23%～28%（关掉舱室照明能耗（变通＋应急）、配电单元箱加热器、变电所照明、消防配电单元箱加热器、应急照明箱加热器）。

表 5-4　管廊非供暖季典型每月能耗结构

用　电　项		用电量/(万 kW·h)	占总用电量百分比/%	占比总计/%
变压器损耗		0.9	13.82	13.82
舱室照明能耗（普通＋应急）		1.1	16.9	16.9
弱电设备	配电单元箱加热器	0.5	7.68	23.81
	摄像机	0.3	4.61	
	温湿度等检测仪	0.05	0.77	
	变电所照明	0.1	1.53	
	无线 AP 等其他弱电设备	0.3	4.61	
	UPS 电源	0.3	4.61	
消防设备	消防配电单元箱加热器	0.3	4.61	15.51
	应急照明箱加热器	0.2	3.07	
	应急疏散指示灯	0.2	3.07	
	安全出口指示灯	0.06	0.92	
	火灾报警及防火门监控主机	0.05	0.77	
	其他消防设备	0.2	3.07	
监控中心		1.3	19.97	19.97
风机柜		0.05	0.77	0.77
未计量项		0.6	9.22	9.22
总计		6.51	100	100

图 5-29 所示为基于能耗结构分析并考虑运营维护人员实际需求的运行管理策略框架，具体分为弱电设备、消防设备、照明系统、动力设备、变压器损耗等部分。

1）弱电、消防设备

关闭部分设备或调整设备工作模式。

2）照明系统

关闭变电站照明，舱室内只开启普通照明；利用智能照明进一步节能：合理利用人员定位系统，不再是"一开到底"的模式，检测到人员信息的区间开启照明，未检测到人员信息的区间则关闭照明。

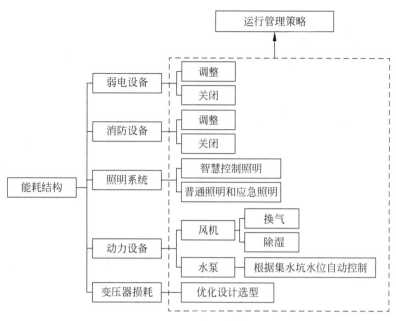

图 5-29 运行管理策略框架

3）动力设备

包括风机和水泵。

（1）风机。基于运营维护人员通风需求：廊内氧气浓度应达标；基于设备运行环境条件：除湿。

（2）水泵。根据集液位信号反馈自动控制，尽量减少人为控制，运营维护人员宜定期检验水泵自控运行状况，防止水泵自控功能失效。

4）变压器损耗

当前变压器负载率在 $2\%\sim9\%$，变压器容量配置严重偏大，变压器的经济负载率通常在 45% 左右；根据管廊实际用电负载优化设计选型。

根据能耗结构制定出运行策略并实施后，总用电量降为 4.6 万 kW·h，接近能耗指标值，用电量比参照月节省 1.9 万 kW·h，占优化运行策略前的 28%，与理论估算值基本吻合，如图 5-30 所示。

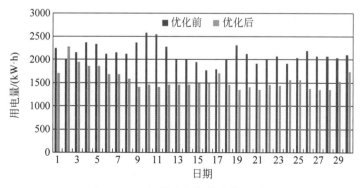

图 5-30 运行策略优化前后能耗对比

5.5.4　综合管廊节能设计方法

在 2022 年冬奥会延庆赛区外围配套综合管廊工程的管廊总体设计过程中汲取了大量的现有城市地下综合管廊的设计、运行经验,除了圆满地完成设计、建设任务外,也对管廊总体设计有了更进一步的思考。通常综合管廊电舱由于容纳了大量的电缆,其内部发热量较大,通风负荷主要用于排除舱室内电缆散出的余热。在夏季由于室外温度较高,需要较高的换气次数才能满足需要,而水舱内由于有大量的给水。其全线内部温度较低,如通过通风系统的转换将外部气流通过水舱后吹入电舱,经水舱冷却后其温度较低冷却效果更加明显,大大降低了排除余热所需的换气次数,减少了风机能耗,且夏季的湿热空气经水舱后其内部湿气迅速在廊壁等位置凝露,吹入电舱的空气变为干冷空气,避免了高压电缆长期处于高湿环境,提升了电缆的寿命及安全水平。在冬季将外部的干冷空气直接引入电舱被电舱升温后,再通过通风系统的转换吹入水舱,在保证水舱内空气质量的同时避免了水舱直接引入冷空气造成给水管线受冻。据此提出了 CN 208950601 U“一种能源综合利用的综合管廊结构”技术。

第6章 综合管廊安全管理创新实践

6.1 综合管廊安全管理特点

近年来,国家及地方层面陆续出台了一系列关于综合管廊安全管理导向性政策:《国务院办公厅关于推进城市地下综合管廊建设的指导意见》(国办发[2015]61号)及《北京市人民政府办公厅关于加强城市地下综合管廊建设管理的实施意见》(京政办发[2018]12号),均提出把加强质量安全监管贯穿于规划、建设、运营全过程。随着综合管廊行业的不断发展,国家对综合管廊安全管理在制度建设、标准建设、智慧手段、应急水平等方面的要求也越来越高。

综合管廊属长大线性工程,施工范围广、建设和运营期时间跨度大,且鉴于地下综合管廊为集市政各种管线于一体的受限空间,建设运营维护过程中存在多种致灾因素,项目全生命周期安全管理难度极大。同时,管廊项目或集中于城市核心区,或服务于重大保障工程,无论建设还是运营阶段安全生产工作均不容有失,加之综合管廊集土建、设备、电力、电信、给水、排水、热力、燃气等施工内容于一体,建设及运营期各方安全管理工作相互影响,如出现事故连锁反应将极其复杂并带来严重后果。因此,构建综合管廊全生命周期安全管理体系,开展综合管廊安全防控技术创新研究,对保障综合管廊建设和运营安全,进而保证"城市生命线"全生命周期安全十分重要,综合管廊安全风险分类分级如图6-1所示。

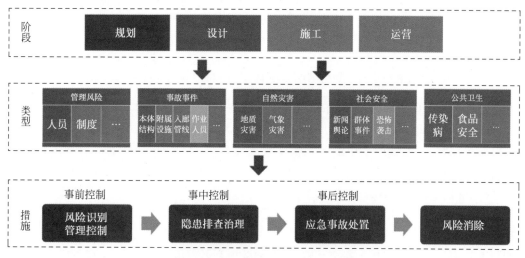

图6-1 综合管廊安全风险分类分级

6.2   综合管廊安全管理体系

为满足综合管廊快速发展阶段对安全管理工作的要求,确保综合管廊建设和运营期安全生产平稳有序,以"安全第一、预防为主、综合治理"为方针,通过开展综合管廊安全管理创新与实践,提升安全生产体系化、标准化、专业化、精细化管理水平,既保障劳动者的生命安全和身体健康,推动企业科学发展、安全发展,又保障综合管廊安全、高效、经济运行,推动综合管廊行业健康发展,探索建立了"1234+2"的综合管廊安全管理体系:"1234"是指 1 个体系、2 个阶段、3 个层级、4 项措施,"2"是指 2 个信息化管控平台。其中,"1 个体系"为综合管廊全生命周期的安全管理体系;"2 个阶段"为综合管廊建设阶段和综合管廊运营阶段;"3 个层级"指底层构建风险及隐患排查安全管理机制,中层构建重大风险安全管控机制,顶层构建应急管理机制的金字塔式分层安全管理;"4 项措施"从标准管理、制度管理、流程管理和预案管理四个方面具体开展安全管控工作;"2 个平台"为研发建设信息管理平台与智慧运营维护管理平台,以信息化管理手段支撑管理目标的实现。

6.2.1   全生命周期安全管理基础机制

为实现综合管廊安全管理统一性、协调性、贯穿性,实现综合管廊建设、运营两个阶段的安全管理平稳过渡和整体安全目标,构建综合管廊全生命周期安全管理基础机制十分必要。从生产经营单位和管廊工程建设运营单位两个角度出发,全面建立覆盖项目全周期、全范围的安全生产基础管理机制。从生产经营企业角度出发,围绕国家、北京市安全生产法律法规、安全生产技术标准、专项管理要求,建立安全专职组织机构和多项安全管理制度,覆盖企业生产经营安全管理全面工作;从管廊工程建设运营单位角度出发,结合综合管廊施工、运营维护阶段的特点,以工程风险和管廊使用功能为安全管控出发点,构建延续"勘察设计阶段—工程建设阶段—管廊运营阶段"三个阶段的风险隐患控制和使用功能研判的安全管理主线,并贯穿综合管廊全生命周期。

6.2.2   安全管理"金字塔"分级管控模式

综合管廊作为新兴市政基础设施工程项目,存在安全管理标准和相关制度缺乏,安全管理人员经验不足等客观问题。为进一步提升安全管理工作效果,构建"风险及隐患排查安全管理机制—重大风险安全管控机制—事故应急管理机制"的安全金字塔分级管控模式(图 6-2),并辅以相应具体管控制度办法,解决了"安全管理摊大饼""眉毛胡子一把抓"的问题,让安全管理工作有的放矢、真抓实效。

安全金字塔底层为风险及隐患排查安全管理机制,通过风险及隐患"双控体系"发挥基础性安全管控作用。深入开展风险源识别工作,在建设期预警和规避风险事件的发生,在运营期找准廊内管线和运营环境安全薄弱点,有的放矢开展监测、巡视工作。日常安全隐患排查工作是在建设、运营维护阶段周期性梳理安全隐患,采取检查、整改、总结的循环模式,消除现有隐患的同时逐步归纳建设和运营维护阶段安全隐患易发规律,提升整体安全管理能

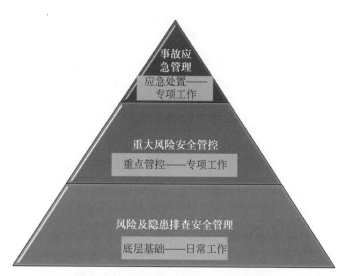

图 6-2　安全管理金字塔分级管控模式

力,有效防止一般生产安全事故的发生。

安全金字塔中层为重大风险安全管控机制,是在项目全面风险及隐患排查工作的基础上,对于工程自身及周边环境可能造成较大事故的风险进行专项管理,采取重大风险评价分级、专项设计、第三方监测、风险咨询、工程预消警管控等多种手段全面加强安全管理工作。通过重大风险安全管控机制的创建,有效提高对高危工程节点和阶段的安全管控力度,成功避免较大及以上生产安全事故。

安全金字塔顶端为事故应急管理机制,承担应对综合管廊建设及运营阶段各类突发事故,组织抢险救援和防控事态扩大等应急工作任务。通过建立综合管廊"综合应急预案＋专项应急预案＋现场处置措施"的应急管理制度体系,落实应急管理组织机构、物资保障、应急演练、应急响应及处置等,是综合管廊安全管理的底线保障。

6.2.3　安全管理治理体系

1. 安全管理标准体系建设

安全管理标准体系是指导工程建设的重要依据。鉴于地下综合管廊为集市政各种管线于一体的受限空间,建设运营维护过程中存在多种致灾因素,在规划决策、勘察设计、施工及运营维护阶段存在大量的安全管理工作,急需总结管廊建设经验,提炼综合管廊建设成果,总结安全管控工作经验,建立健全由"基本标准、通用标准、专用标准"组成的综合管廊安全管理技术标准体系,以推动综合管廊有序、健康、安全发展,提高综合管廊建设运营维护安全管理水平,使综合管廊建设运营维护做到安全可靠、经济适用、技术先进、节约能源、保护环境。

我国国家标准方面,截至 2020 年年底,已发布三项综合管廊相关的标准:《城市综合管廊工程技术规范》(GB 50838—2015)、《城镇综合管廊监控与报警系统工程技术标准》(GB/T 51274—2017)、《城市地下综合管廊运行维护及安全技术标准》(GB 51354—2019)。但现有标准不够全面,特别是在安全管理方面,缺乏其自身的安全管理标准,急需总结国内外管廊建设运营维护的安全管理经验,进一步建立健全综合管廊全生命周期安全管理技术标准体系。北京市关于综合管廊安全管理的标准主要有《城市综合管廊运行维护规范》(DB11/T 1576—2018)、《城市综合管廊监控与报警系统安装工程施工规范》(DB11/T 1712—2020)、《城市综合管廊智慧运营管理系统技术规范》(DB11/T 1669—2019)、《城市综合管廊工程施工及质量验收规范》(DB11/T 1630—2019)、《城市综合管廊工程设计规范》(DB11/1505—2022)。

2. 安全管理制度健全

根据综合管廊的实际情况,在建设期及运营维护期建立"制度—办法—细则"三级安全管理制度体系,制定有针对性的管理制度,真正有效地指导综合管廊全生命周期安全管理工作。

针对安全管理要求,创新性地制定《安全生产述职制度》,在安全生产责任制基础要求上,对相关安全管理人员履职情况进行专项总结和评估。为配套风险及隐患排查安全管理机制发挥实效,服务世园会、冬奥会综合管廊建设和运营安全管理工作,制定《综合管廊隐患排查治理办法》,对参建各方隐患排查治理工作职责、内容、频次做出具体要求,并在北京市首次梳理了综合管廊施工阶段十一大类335项建设期隐患要点。创新性开展综合管廊运营维护期隐患排查管理工作,首次全面建立了运营阶段廊内管线、环境隐患台账,找准隐患管控发力点。

为配合重大风险安全管控机制落地,制定《综合管廊安全风险管理体系》,将重大风险分级管控贯穿工程建设全过程。例如,针对冬奥会综合管廊中高山区山岭隧道安全风险特点,制定《冬奥会综合管廊安全风险预消警细则》,首次将中高山区 TBM 和钻爆作业安全风险具体列项,定量分析和管控。再如,为有效指导世园会综合管廊运营阶段安全运营维护管理工作,制定《综合管廊运营管理规定》等一级制度,明确各部门的职责分工及工作重点;制定《综合管廊安全管理办法》《综合管廊入廊管理办法》《综合管廊考核培训管理办法》等二级制度,明确安全管理、考核、入廊作业等工作的管理机制;制定《综合管廊排班、值班、交接班管理细则》《日常监控管理细则》《专项检测管理细则》等三级制度,明确各项具体工作的实施细则,在北京市内首次建立综合管廊运营维护阶段安全管理系统性制度体系。

3. 安全管理流程化

为提高综合管廊安全管理工作的落实力度,对安全生产检查、安全生产教育、安全履约考核等方面通过细化管理流程,做到精细化管理。

1) 安全生产检查

对施工及运营维护过程开展周期性和专项性安全生产检查工作,对存在的问题及时制订措施,落实责任,限期整改,实现闭环管理。利用周工程调度会、周运营维护总结会、月安全生产例会、月安全运营维护例会、季度安全委员会例会定期对安全生产检查工作总结汇报并部署下一阶段安全生产重点工作;在汛期、森林防火期、空气重污染时段、重大活动保障和节假日期间等特殊时期,制定专项保障工作方案,开展安全生产专项检查工作,针对具体隐患问题在特殊时期采取派驻专人盯守的措施,确保立查立改,实现管廊建设及运营项目"静态隐患清零、动态隐患可控"。

2）安全生产教育

在一般生产经营企业安全教育的基础上，创新性地开展更为深入、更为主动的安全教育及培训模式。①对上级文件要求进一步细化分解。及时传达上级安全生产文件、指示、会议精神和事故快报，并在管廊项目内部分解消化工作要求，制定各部门、各参建单位具体防范措施。②鼓励参建人员自我学习与安全培训。除开展法律法规、行业标准培训外，定期在项目实地开展消防、防汛、安防等应急演练活动，大力推进体验式教育培训，并举办安全论坛，增强了参建人员参与安全教育的主动性。③加强针对高危人员的安全教育。抓住新进人员、特殊工种人员等重点教育对象进行专项教育，使安全高危人员真正树立安全生产的观念。

3）安全履约考核

针对建设期和运营期管廊存在的安全管理问题和不足，建立履约考评管理机制，通过长期履约考评工作和相应的奖惩措施，建立安全管控长效机制，为安全管理提供重要的措施保障。同时对现场发生的不安全事件，坚持"小题大做"，按照"四不放过"的原则进行处理，责成责任单位按时提交分析记录和报告，并通报各参建单位引以为戒，从中吸取经验教训。

4. 全周期安全应急预案

为保障综合管廊应急管理工作，建立以"综合应急预案＋专项应急预案＋现场处置方案"为基础的应急管理预案管理框架。特别是在综合管廊运营维护阶段，充分考虑了管廊本体、入廊管线介质和载体特点、周边环境特点等因素，如在北京市内首次全面建立形成了1个综合应急预案，2个专项应急预案，14个现场处置方案的新预案体系，综合应急预案体系如图6-3所示。同时，为确保应急预案高效可行，建立了应急演练工作机制，依托"智慧运营维护管理平台"，实现"无脚本"应急演练，结合实际、自下而上、分步实施，以"实践—理论—再实践"的方法不断完善应急预案体系，确保了应对突发事件的处置效率，大大提升了处置能力。

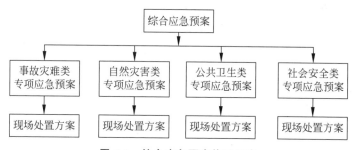

图6-3　综合应急预案体系示意

6.2.4　安全管理信息化

安全生产信息化建设是实现安全发展的重要基础，也是创新安全生产监管模式，提升公司监管水平，提高预警预防能力和应急救援能力的重要途径和有效手段。安全管理信息化手段有助于扩展安全生产监管的范围和深度，及时掌握综合管廊项目安全生产动态，提高安全生产日常监管的精准化、透明化和实时化。

1. 建设期安全管理信息化平台

基于对工程建设需求的深入了解，为解决多工法、多支线同步施工，多终端、多形式、多场景同步管理,远程实时监控及预警,围岩及支护记录以及多角色权限管理等技术问题,开发了综合管廊建设信息管理平台,并成功应用和服务于冬奥会综合管廊建设过程,如图 6-4 所示。

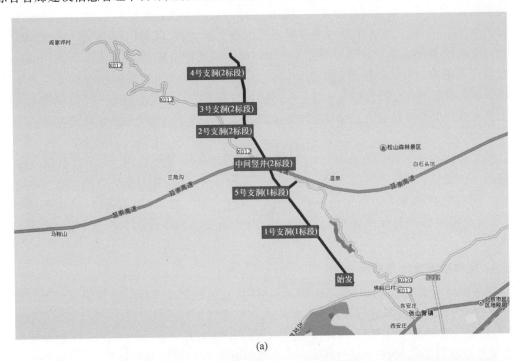

(a)

统计日期: 2018-11-01	至: 2018-11-10	统计项目: 日报	查询　导出	
日期	初支里程	二衬里程	计划初支里程	计划二衬里程
11-01 从小到大	6 m	0 m	1.5 m	0 m
11-01 从大到小	3 m	9 m	4 m	实际进度提前
11-02 从大到小	3 m	未施工	4 m	9 m
11-02 从小到大	3 m	未施工	1.5 m	9 m
11-03 从小到大	4 m	0 m	1.5 m	0 m
11-03 从大到小	3 m	0 m	4 m	0 m
11-04 从小到大	3 m	0 m	1.5 m	0 m
11-04 从大到小	4 m	0 m	4 m	0 m

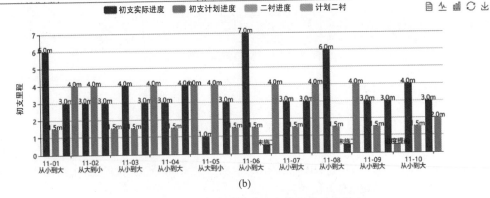

(b)

图 6-4　冬奥会管廊建设期安全管理信息化平台

(a) 工程进展全景界面;(b) 进度统计界面;(c) 设备(TBM)信息界面

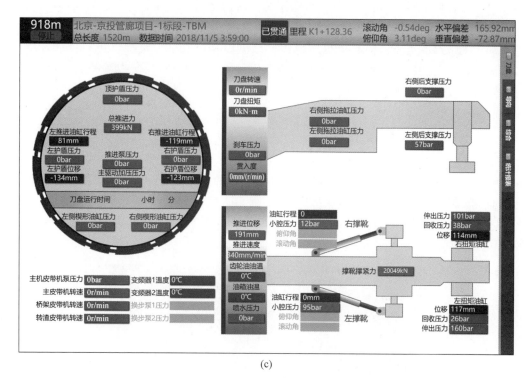

(c)

图 6-4 （续）

该平台基于 GIS、大数据、云存储等技术,通过"信息采集模块、信息传输模块、信息存储模块、信息分析模块、信息展示模块"功能设计和软硬件系统建设,实现了管廊建设过程中的现场视频监控、进度监控、设备(TBM)状态监控、风险预告、进度预警、风险提醒、预警管理等安全管理需求功能,固化了安全风险处置流程并存储了全部工程建设信息。同时,平台通过基于 B/S 架构的 WEB 端及移动端 APP,实现了全平台同步管理,有效提高了工程参建单位的合作程度,真正实现了"智慧工地",达到信息沟通交流畅通无碍,保障施工安全。

2. 运营期智慧化安全管理平台

为保障综合管廊、入廊管线的安全运行,以 BIM、GIS、大数据等技术为基础,自主研发了综合管廊智慧运营维护平台,并成功应用于世园会综合管廊运营维护管理。该平台集"智能监控、数据采集、预警报警"等多种功能于一体,融合了"标准、制度、流程、预案"等相关内容,并与手机 APP 移动终端、管廊内部设备等系统有机结合,实现了"智慧感知、智慧管理、智慧决策",打破行业主管部门与管线单位的信息壁垒,实现了管控可视化、应急智能化。

1）管控可视化

通过"智慧一张图"可展示廊内所有监控设备的实际位置,实现对设备的精准迅速定位,实现对廊内风机风阀、照明、水泵、电子井盖、门禁等设备远程控制和状态监测,实现对廊内的环境气体(氧气、甲烷、硫化氢、温湿度)、防入侵、视频实时监控,实现对入廊人员实时定位以及随时通话功能,通过监控设备实现在监控中心的可视化管理。

　　2）应急智能化

　　当环境监测、消防报警、可燃气报警等系统实时监测数据超过事先设定的阈值或入侵报警、门禁系统、电子井盖、视频安防、通信传输等系统状态异常时，平台会自动报警并精准定位，自动识别危险源类型。同时依据应急事件级别以及应急事件类型，启动相应的应急预案，按照事先设定的应急处置流程，实现各设备系统之间的联动，及时提醒相关人员采取处置措施，避免发生次生灾害。此外，平台具有识别及处置"误报"功能，有效提高应急处置的可靠性。

3. 基于 BIM 技术的安全管理

　　BIM 模型中集成了项目结构、设备及现场的信息，为施工过程中危害因素和危险源识别提供了全面而详尽的信息平台。通过对 BIM 模型的观察，找出施工过程中危险区域、施工空间冲突等安全隐患，提前制定相应安全措施，最大限度地排除安全隐患，保障施工人员的人生财产安全，降低损失产生的概率。图 6-5 反映了基于 BIM 技术的综合管廊洞口安全隐患的应用场景。

图 6-5　基于 BIM 模型的安全管理应用

6.3　综合管廊风险识别与预警

　　基于综合多源异构管廊大数据的融合和抽取技术实现机制，研究综合管廊异常状况实时识别及风险预警机制。研究了综合管廊建设到运营的全生命周期内风险的级联效应，开发了一套综合管廊安全风险清单，基于综合管廊大数据构建异常状况实时识别及风险预警机制，实现了对管廊本体结构、廊内环境、管线安全运行状态及附属设施的全时段监测。

　　城市地下综合管廊的每个阶段都存在不确定风险，为保证管廊项目顺利实施及运行，需要对管廊进行风险分析，以及时发现并规避风险。以风险研究为出发点，分析综合管廊全生命周期内的不同风险类型，在此基础上引入本体建模和知识库的概念，对识别出来的风险进行关联，进而分析级联关系，助力风险预警。本技术的主要创新点在于将风险、风险级联、本体建模三个概念结合进行研究，促进不同学科在综合管廊风险管理中的交互。

　　首先需对相关风险进行识别，接着分析出关联关系较大的风险构成级联链条，并将其储存在知识库当中。分析路径可以视为一个系统，未来的风险数据可以通过这一系列分析更新知识库，知识库也可以对级联效应进行反馈，如此往复，使得风险管理更加完善，如图 6-6

所示。

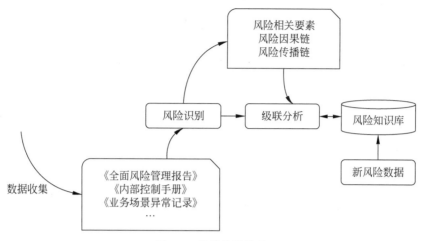

图 6-6　级联分析路径

综合管廊工程的各环节都有密切联系,每一步骤都会对下面的工作甚至整个工程产生深远影响,此外管廊不仅可以容纳市政管线,还可以提高城市的防涝能力,结合 BIM 与 GIS 等先进科技让城市生活更加智能完善,从全局出发,采用全生命周期的模式识别综合管廊工程风险,一来把握项目的宏观进展,二来充分识别项目风险因素具备信服力。依据全生命周期理论以及综合管廊工程特点,按照管廊风险分配原则,通过梳理、归纳相关文献,采用四阶段分类法划分综合管廊全生命周期风险,即策划阶段风险、规划设计阶段风险、施工阶段风险和运营维护阶段风险,此处着重研究运营维护阶段风险,如表 6-1 所示。

表 6-1　综合管廊运营维护阶段风险分类

	入廊风险	管线单位不愿意入廊等
运营维护阶段	入廊收费风险	入廊收费方式不明确;收费标准缺少依据
	经营管理风险	经营单位结构不合理;经营管理制度不完善;管理经验不足等
	运营成本风险	主体结构、配套设施的维护成本问题;管线事故、设备故障、人为破坏等所引起的费用问题;运营成本超支问题等
	金融风险	金融市场的稳定情况;市场通货膨胀等
	需求风险	市场需求变化等
	股权变更风险	投资企业撤资、债权变卖、资产转让等所引起的产权纠纷
	环境风险	对环境的影响或破坏;环保标准的制约等

通过上述综合管廊不同阶段的风险分类汇总,进一步研究各风险之间的关联关系,找到可以体现关联关系的研究方向——风险的传递性分析。风险传递的共同要素:风险发出者、风险传导阀、传递载体和风险接受者。其中,风险发出者可以理解为风险源,风险传导阀可以理解为风险阈值,传递载体理解为触发风险的事件,最后风险接受者理解为风险产生后果的承载对象。这些因素相互关联,构成风险的传播链如图 6-7 所示。需要注意的是,风险传播链的形式不固定,可能是多个单项链条依次触发,也可能是多个单项链条的叠加。基于之前的研究,采用 protégé 本体建模软件作为综合管廊风险本体的构建工具,并在七步法的基础上做出改进,作为本体的构建方法。建模后将生成的 owl 文件导入 neo4j 图数据库,可

以生成基于综合管廊风险的知识图谱。

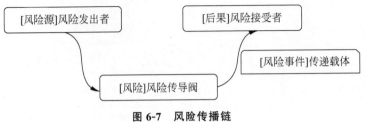

图 6-7　风险传播链

第7章 发展趋势及建议

7.1 发展趋势

综合管廊自1833年诞生至今已有将近200年的发展历程,中国自1958年建设的第一条管廊以来,发展至今也有六十多年的历史,尤其自2015年试点城市的实施,中国进入综合管廊建设高潮期。经过不断的探索、实践和总结,从规划设计、建设管理到运营维护目前已有一套基本成熟的技术标准和管理办法。综合管廊的建设也从最初碎片化建设、施工工法及装备单一、运营体系不健全发展到目前科学规划、系统性建设、施工工法及装备多样化、运营管理逐步完善的阶段。当然,在取得喜人成绩的同时,也应充分认识到目前管廊规划建设仍存在的问题,如综合管廊初期建设成本较高,资金来源单一,造成地方财政负担较重,如入廊收费机制不健全、费用分摊实施难度较大,加重管廊建设成本的回收难度,再如综合管廊规划、设计缺乏系统性考虑、建设缺乏先进手段、运营维护缺乏实践经验等问题都影响管廊的可持续发展。

我国城镇化已从高速发展进入高质量发展阶段,综合管廊建设是贯彻创新、协调、绿色、开放、共享的新发展理念,是建设可持续发展、韧性绿色市政基础设施有效途径,是提升城市宜居水平,不断满足人民日益增长的美好生活需要的具体体现,有效提升城市精细化管理及安全保障水平。随着我国综合管廊2015—2017年跨越式的快速发展,以及2018年至今将近5年的冷静、反思和总结,大家对综合管廊规划建设的认识逐步加深,坚信综合管廊将伴随城市的高质量发展更新改造持续建设。同时,随着综合管廊建设、运营维护经验的不断积累以及智能建造、智能运营维护等科技水平的不断提升,随着综合管廊建设的不断推进,综合管廊行业朝着标准化、智慧化、绿色化、精细化、集约化、多元化等方向发展,从而助力"系统完备、高效实用、智能绿色、安全可靠"现代化城市基础设施体系的构建。

7.1.1 标准化

综合管廊标准化有两层含义,一方面表现为综合管廊标准体系的完善;另一方面表现为综合管廊全生命周期各个阶段的标准化。

综合管廊标准体系是综合管廊有关标准发展的顶层设计,是综合管廊工程建设各项标准之间关系体系化的表达,是指导工程建设的重要依据。近年来的综合管廊工程建设正推动综合管廊标准化体系的不断完善,实践中积累的有益经验也反映在标准条文中。目前,国家标准《城市综合管廊工程技术规范》(GB 50838—2015)已于2019年3月启动修编。国家标准《城市综合管廊与轨道交通共建工程技术标准》《城市地下综合管廊抗震设计标准》《地下管线及综合管廊标识系统标准》均于 2019 年启动,正在编制中。

　　综合管廊全生命周期各个阶段的标准化主要包括设计标准化、施工验收标准化、运营维护管理标准化、安全管理标准化以及产品标准化等。设计标准化主要分为断面设计标准化、节点设计标准化、设备系统标准化。通过设计标准化,减少重复劳动,加快设计速度,推动构配件生产工厂化、装配化和施工机械化,提高劳动生产率,加快建设进度,降低工程造价,提高经济效益。通过推动综合管廊项目施工验收标准化,打造施工验收标准化操作流程,能够确保工程质量,提升工程安全水平。通过建立管廊运营维护标准化作业流程,提出综合管廊各项运营维护管理工作的标准操作步骤和要求,有助于进一步提高综合管廊运营维护效率。安全管理标准化则是在综合管廊全生命周期内,通过建立安全风险分级管控、隐患排查治理、应急管理的标准化工作机制,规范城市地下综合管廊的安全管理技术工作,提高城市地下综合管廊全生命周期的安全管理技术水平,保障城市地下综合管廊的安全建设与运营维护。推动设备产品标准化,通过建立标准统一的综合管廊项目产品库,对产品的类型、性能、规格、质量、所用原材料、工艺装备和检验方法等规定统一标准,以达到简化设备设计、完善工艺,提高设备安装质量与效率,提高综合管廊运营维护管理效率的目的。

7.1.2　智慧化

　　综合管廊智慧化是指通过推进 BIM、GIS、物联网、云计算、大数据和人工智能等新兴科技在综合管廊中的深度应用,实现综合管廊全生命周期的智慧化管理,提高综合管廊建设及运营维护管理效率和质量,降低综合管廊全生命周期的管理成本,实现综合管廊的管控可视化、管理集约化、应急智能化、决策智慧化。

　　通过推进 BIM 技术在综合管廊全生命周期的集成应用,推广工程建设数字化成果交付与应用,提升综合管廊项目信息化水平,更好地指导综合管廊的正向设计、施工验收和运营期管理水平,从而有效提高综合管廊工程全生命周期的工作质量、工作效率,降低项目成本与风险。此外,通过 BIM 技术集成项目的设计、施工、经济、管理等数据信息,建立完整的BIM 数字化资产,便于后期的运营维护管理,更快地检索到建设项目的各类信息,为运营维护管理提供数据保障。

　　在综合管廊运营维护期间,采用智慧化技术及末端传感设备,通过整合环境监测、安防监控、消防报警、通信传输、人员定位等系统,打造智慧运营维护管理平台,构建全方位的管廊传感网,保障综合管廊及入廊管线的安全运行,提升日常检修工作效率与巡检质量,降低巡检成本,减少运营维护人员入廊频次,保障工作人员的人身安全。

7.1.3　绿色化

　　绿色化的综合管廊体现在建造过程中绿色新材料、新工艺的应用。一方面,在综合管廊建设过程中,出现了新材料管廊的示范应用,主要有钢制波纹管管廊、纤维混凝土管廊、装配式方拱形钢结构管廊、竹缠绕综合管廊及装配式钢塑组合管廊等。应进一步加大这些新材料的适应性研究,在满足安全性、经济性等要求基础上,因地制宜推进新材料在综合管廊中的规模化应用。另一方面,在综合管廊建设过程中,出现了预制装配式技术、盾构施工等绿色新工艺的应用,需进一步加强新工艺创新研究,从而因地制宜选择施工工法,减少人工作业环节,提高机械化作业的占比,实现综合管廊安全、经济、绿色、高效施工。盾构施工较为成熟,且在地铁隧道等工程中应用广泛,接下来将重点介绍预制装配式技术。

综合管廊预制装配式技术是综合管廊的发展趋势之一,能够大幅降低施工成本,提高施工质量,节约施工工期,实现建造低能耗、低污染,达到资源节约、提高品质和效率。目前预制拼装综合管廊按照构件的预制程度可以分为全预制和半预制。明挖预制装配主要分为节段预制装配、半预制装配、分块预制装配、叠合预制装配、组合预制装配、上下分体组合装配等形式。需根据地层、地质情况,进一步研究适用哪种预制形式。

全预制混凝土综合管廊指的是全部构件在工厂加工预制完成、运输到现场就位安装,构件安装过程中无需采用混凝土浇筑。其特点为:整体性好,构件质量高,施工现场环境好。半预制综合管廊指的是结构构件部分通过工厂预制,运输至现场,安装就位后浇筑混凝土,形成廊体。叠合装配式为目前国内广泛应用的一种半预制综合管廊建造方式,如图 7-1 所示。借鉴建筑工程中叠合装配式高层建筑的建造方式,将工厂预制的混凝土叠合板件运输至现场,待拼装就位后,以叠合板件为模板绑扎钢筋浇筑混凝土形成结构整体。叠合装配式综合管廊是墙体两侧采用不小于 50mm 厚的预制板取代现场模板(一般基础底板现浇),两预制板间采用现浇钢筋混凝土结构,预制板作为模板的同时,也作为永久结构的一部分共同参与工作。

图 7-1 叠合装配式管廊安装

目前,成本和标准化仍是制约预制装配式技术发展的关键因素,应加强装配式综合管廊标准化方面的研究,尤其是综合管廊节点结构的标准化、模块化研究。另外,随着综合管廊建设的不断深入,城市的复杂环境将使明挖施工得到较大限制,浅埋暗挖、盾构及顶管施工工法将更适合繁华城区综合管廊的施工,暗挖条件下如何进行结构的预制装配施工需要进一步研究。对于盾构法施工,其内部分舱结构的预制装配施工将得到进一步发展。

7.1.4 精细化

综合管廊精细化主要体现为精细化设计及运营维护管理水平的提升。精细化设计主要是在满足管廊及管线使用功能的基础上,通过优化施工工法、集约设计断面、优化设备系统及对附属设施进行景观协同优化,进一步降低综合管廊投资。随着越来越多的综合管廊投入使用,管廊运营期暴露出的问题,可对精细化设计提供逆向反馈指导,管廊运行期廊内温湿度环境对设备系统提出的新要求,城市内涝问题对管廊运营维护的影响等均能够提升综合管廊精细化设计水平。精细化运营维护主要是通过加强节能降耗技术研究,全方位多角度提升管廊能源管理水平,开展管廊运行的节能诊断与控制,最终形成综合管廊能源管理策略,降低运营维护成本,从而提升综合管廊精细化运营维护管理水平。

7.1.5　集约化

综合管廊建设成本和运营维护成本过高一直是制约综合管廊可持续发展的一大障碍,在管廊建设和运营维护过程中,如何降本增效,提升综合管廊建设效益,发挥综合管廊建设先进优势,是目前摆在面前亟待解决的问题。

以小型化、集约化为核心理念的综合管廊建设体系研究越来越多,其研究一方面是降低综合管廊建设及运营维护成本,实现综合管廊可持续发展目标;另一方面是在国土空间资源紧张情况下,有效改善基础设施建设水平,提升城市空间品质和城市韧性。北京白塔寺胡同综合管廊集给水、再生水、电力、通信及污水管线于一体,在满足管线安全运营情况下,简化通风、照明、监控、消防等设施,实现管廊空间利用最大化,有效整合地下空间资源,解决小胡同、窄路网下市政管线建设空间不足,管线建设混乱的局面,极大地提升城市基础设施建设水平,如图 7-2 所示。小型综合管廊由于其规模小、成本低、建设快,在推进架空线落地、解决老城区改造过程中的基本需求,提升城市发展品质上都能够发挥重要作用。在消除城市次干路、支路及居民区道路出现的线缆蜘蛛网现象,并为密路网、窄路幅的城市道路提供管线敷设解决方案,是干线管廊和干支混合管廊的有力补充。

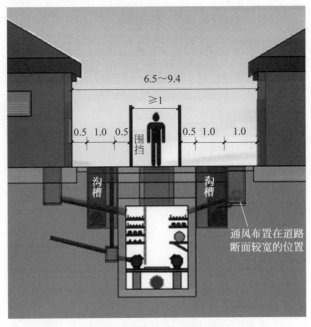

图 7-2　北京白塔寺胡同综合管廊断面(单位:m)

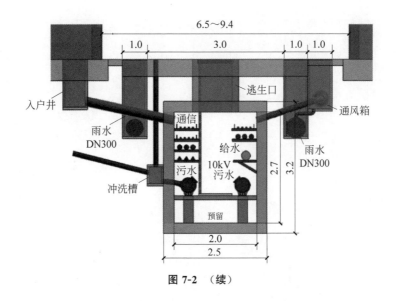

图 7-2　（续）

　　综合管廊集约化一方面是通过统筹地上、地下空间资源利用,提高地下空间资源的利用效能,开展综合管廊与地铁、地下物流、地下空间综合利用的深度融合,统筹好综合管廊与相关设施的建设时序,确保统一设计、有序建设和协同运行。在老城区结合老城改造、架空线入地等契机,开展老城区小型集约化综合管廊建设,从而改善老城区的生产、生活环境,提升老城区品位。另一方面,通过推动管线公司加速技术创新改造,加强入廊管线的精细化设计,综合运用多种技术手段,实现入廊管线小型化、廊内空间利用效率最大化,延长管线使用寿命,提高综合管廊安全品质,提升运行管理水平,最后实现管廊的小型、集约化发展。

7.1.6　多元化

　　综合管廊多元化是指以综合管廊集约敷设市政设施,推动浅层地下空间有序化发展,同时以轨道交通融合综合管廊,构建地下空间网络化、功能多样化、交通系统立体化、市政设施集约化、环境人性化的城市地下空间一体化体系。轨道交通站点与综合管廊、周边土地开发一体化示意如图 7-3 所示。

　　城市地下综合管廊作为融合电力、通信、广播电视、给水、排水、热力、燃气等城市市政管线的综合廊道,在统筹地下市政设施一体化集约发展,推动浅层地下空间有序化中扮演重要角色。目前我国已全面进入"国土空间规划"新时代,地下空间是国土空间的重要组成部分,综合管廊又是地下空间的重要组成部分,应将城市综合管廊、轨道交通、地下道路、地下停车场、地下街及综合体、平战结合人防工程以及地下市政场站、地下仓储物流、地下能源环保设施等统一纳入城市地下空间资源综合开发利用及土地利用规划,打造中国版"地下城"。我国城市综合管廊建设的最高目标是开创"国际先进＋中国创造"的"体系完整＋近远结合＋整合一体＋科学经济＋安全防灾＋绿色建造＋智慧运营维护＋永续发展"八位一体的综合管廊 4.0 时代。

　　随着 2015 年以来各地以综合管廊统筹市政管线集约敷设为契机,开展了地下交通、地下市政、地下商业等多功能业态融合发展的探索与实践。例如,位于北京首都核心区王府井商业区,2016 年 12 月开工建设的轨道交通 8 号线三期(王府井)地下综合管廊,通

图 7-3　轨道交通站点与综合管廊、周边土地开发一体化

过统筹考虑地铁、地下商业开发的空间布局,利用地铁降水导洞建设,降低了建设成本,同时置换出浅层地下空间,为后续商业开发预留条件,也为地下市政管线的远期扩容预留空间,实现了王府井商业区地下资源的一体化开发,提升了首都核心区综合承载能力和城市品质。

综合管廊随地下空间一体化建设项目目前主要有以下两种类型。

(1) 在城市核心区,随地下道路、地下商业、轨道交通站点一体化开发建设。随轨交通综合管廊建设是地下空间一体化的另一种方式,尤其随着城市综合管廊建设向城市已建成区的延伸,适合旧城及管网改造的矿山法及盾构法施工也陆续被应用于综合管廊建设。综合管廊与轨道交通的同步建设,既避免了轨道交通运行后与管线建设相互影响,也可以利用轨道交通建设契机,进一步优化管廊布局,统筹和集约化利用有限的城市地下空间资源,加快基础建设速度,提升市政管线建设进度。以综合管廊统筹地下市政设施,以轨道交通统筹地下停车场、步行系统等地下交通系统,以轨道交通协同融合综合管廊,并带动地下商业、仓储物流、防空防灾等其他地下功能设施融合发展,最终形成地下空间一体化的发展体系。

(2) 综合管廊在整个城市区域内与地下空间一体化建设,通过构建综合管廊+地下空间体系,梳理以综合管廊(包括干线管廊、支线管廊和缆线廊)为骨架,实现"管廊—地块用户"的两级能源传输体系,规避传统"管廊—直埋管线—地块用户"的三级能源传输体系,目标上一方面趋于实现整个城区市政能源管线全廊道化,另一方面尝试改变现有所有市政道路下方均配套各类市政管线的规划体系,减少市政管线冗余建设,节省管线建设和维护成本。该种类型目前在雄安新区建设中逐步应用。结合城市地下空间规划,雄安新区某部分城市区域,综合管廊直接与沿线各地下空间进行连通,通过片区管廊体系,在保证每个地块至少两个接口前提下,可减少大部分道路下方直埋管线。

7.2 发展建议

为解决综合管廊发展面临的瓶颈问题,适应综合管廊新的发展趋势,持续推动我国综合管廊可持续、健康发展,应采用系统性思维和发展眼光进行超前谋划,科学构建、完善综合管廊布局体系,以综合管廊全生命周期中存在的问题为导向攻坚克难,加强综合管廊建设关键技术研究,并以效益最大化为目标,制订因地制宜的综合管廊建设计划,推进综合管廊行业有序可持续发展,进而提升城市综合承载力和安全保障水平。

7.2.1 提升全生命周期规划建设水平

1. 提高综合管廊规划的科学性

坚持先规划后建设,综合管廊的设计使用年限一般在 100 年以上,且涉及多个管线单位,建成后不易更改,因此在建设综合管廊之前应充分考虑目前及今后城市发展,满足今后各管线的扩容需求,同时又不造成资源的浪费,所以在规划前应在地区政府主导下,结合未来城市规划进行充分调研,从实际出发制订综合管廊建设规划。注意考虑财政承受能力,管控好建设规模和速度,重点结合轨道交通建设、地下空间一体化开发、旧城更新改造、管线升级改、架空线入地等有利契机,以需求为导向,加大小型综合管廊建设研究,因地制宜构建干、支、小型管廊多层次、网络化、系统化建设体系,发挥综合管廊的综合效益,提高规划的科学性与可实施性。综合管廊若能与地铁、地下停车场等同时建设,则能有效减少道路二次开挖,节约建设成本,因此应结合地下空间开发利用,建立综合管廊规划系统。完善干、支、缆线管廊规划,匹配量化的项目评估机制,确保不同规划类型的管廊按规划落地,逐渐形成综合管廊的分层体系。

加强和完善规划引导及规划综合统筹,严把规划设计关,从源头做好成本控制,不断总结评估综合管廊规划、设计、建设及运营经验。同时应加强各阶段对规划设计的反馈指导,加强规划统筹与衔接。构建综合管廊规划评估体系,定期评估,提升综合管廊建设和管理水平。

2. 完善综合管廊标准体系

研究建立综合管廊技术标准体系框架,推动综合管廊工程项目建设、工程验收、监控与报警设备安装施工、工程资料管理、设施设备编码、智慧运营管理系统和安全生产等级评定等标准编制,加强全生命周期标准规范体系建设。

加大管廊行业科研创新支持力度,以科研创新成果和项目实践经验促进行业规范标准优化,倡导适度适用的设计准则。落实集约节约理念、因地制宜执行既有标准,总结经验积极推动标准修编。城市综合管廊的建设与管理离不开相应的规范、标准,标准有利于稳定和提高设计、施工和运营管理的质量,是实现科学管理、提高管理效率的基础。应重点考虑综合管廊集约布置、整合舱室、消防设置、通风区间、风亭等配套设施优化等,综合考虑随轨管廊结构、入廊管线敷设、管廊质量安全管理、运营维护等各方面要求,逐步形成规范的标准体系,从而更加有效、有序指导综合管廊规划、建设、运营,实现综合管廊工程集约、节约规划建设。

3. 提高综合管廊精细化水平

强化从源头开展成本管控,做好精细化设计及方案优化,提升管廊整体设计水平,按照集约、节约、实用、高效原则,综合考虑经济、技术、安全等因素,创新标准规范,优化综合管廊工程规划和设计方案,减少管廊舱室断面尺寸,合理安排管廊通风口、出入口等附属设施,降低建设成本。

根据法国、日本、捷克综合管廊案例,各市政管线均可同舱布置。我国在与轨道共建综合管廊项目中,实现给水、供热、通信同舱集约布置,建议下一步综合研究入廊市政管线全部同舱设置,同时适当预留远期发展空间,提高使用效率。进一步将管廊的不同口部之间以及管廊附属与随建工程附属之间的互相结合节约设置,如人员出入口与吊装口、逃生口结合设置;管廊的风亭、人员出入口与地铁的风亭、人员出入口结合设置,管廊的监控中心与地铁及高速公路等公建工程的结合设置等。最后通过城市设计,利用绿化景观遮挡、城市色彩处理、地面高差处理等形式与周边的环境景观融合,提升城市的整体品质。

4. 提高综合管廊安全运行水平

构建综合管廊安全管理双控体系,包括建立综合管廊安全隐患分类标准和隐患排查治理体系,加强综合管廊风险评估与控制对策措施等。建立综合管廊外部施工安全防护机制,及时采集外部施工信息,对接安全保护措施及方案,施工中监测对管廊的影响,施工后对重点部位进行检测评估。推动综合管廊安全技术提升,引导管廊运营单位采用管理或技术手段降低管廊安全风险。

完善综合管廊各项安全管理制度及应急预案,督促并指导管廊管理单位和入廊管线单位完善安全管理、巡查维护、隐患排查、风险管理等制度建设,保障综合管廊及管线安全平稳运行。构建管廊运营管理单位与属地政府、管线单位之间的应急联动机制,定期开展应急演练,做好突发事件处置和应急管理等工作。

5. 提升综合管廊信息化管理水平

地下综合管廊的运营方向即全城统一管廊监管平台,将城市地下综合管廊进行统一运营与监管,最大限度地优化综合管廊运营成本。建立统一的城市级综合管廊运营维护平台,统筹综合管廊运营,统一标准,发挥规模经济效应;持续推进综合管廊运行信息统计,科学构建统计指标体系,逐步建立综合管廊全生命周期信息管理体系,建立市、区两级管理台账,为管理决策提供信息基础和参考依据。研究建设市—区域—项目三级信息化支撑体系,加强监控中心配建研究,合理确定监控中心设置规模,推进城市级、区域级、项目级监控中心建设,提升综合管廊的信息化管理水平。

通过末端传感设备,采用智慧化技术,建立并积累管廊设备系统故障数据库,提高运营维护检修排查针对性,减少运营维护人员入廊频次,保障工作人员的人身安全,提高运营维护管理效率。开发管廊精细化能源管理专家系统,进行管廊运行的节能诊断与控制,降低综合管廊运营成本。

7.2.2　健全综合管廊治理体系

1. 健全综合管廊法律体系

通过对比发达地区综合管廊建设可以发现,综合管廊建设比较成功的地区都颁布了相关法律,对综合管廊的规划、建设、运营及费用分摊给予明确规定,我国应在试点综合管廊建设的基础上,尽快探索建立综合管廊法律体系,使综合管廊建设有法可依。通过法律的强制性确保综合管廊建设的顺利实施,如在法律中规定,使符合入廊条件的管线必须按计划迁入管廊,保证建设的综合管廊能发挥效用。建立规划、城市管理、路政等部门的入廊管理联动机制,引导各市政管线单位尽早按规划入廊。同时应加快健全地下空间权属制度,研究制定综合管廊产权确认政策,明确综合管廊权属登记有关问题,完善相关确权程序,有效保障综合管廊权利人权益。

2. 完善综合管理体制机制

审批机制上,应构建综合管廊与周边土地综合开发、当期入廊管线、城市道路、轨道交通等关联项目规划协调、审批同步机制,确保同步开工建设,避免反复实施交通导改、管线改移、树木伐移及土方开挖等,缩短建设周期,降低综合管廊建设成本。

严格落实管线入廊管理制度,建立管线单位管线入廊需求与入廊费、运营维护费缴纳的联动机制,夯实入廊需求,严格执行入廊要求。

3. 完善综合管廊建设运营资金保障体系

坚持综合管廊是城市重要公益性基础设施的定位,是公共事业项目,把握管廊管线特殊属性和公益属性,实行政府主导,加大公益类管廊财政资金投入。完善管廊建设投融资政策,综合管廊运营初期,管廊企业难以收到有偿使用费,运行维护存在困难,建议运营初期给予财政补贴,建立政府财力保障管廊建设管理的机制。

制定完善的收费机制,明确收费原则、费用构成、收取流程和参考标准等可操作措施,推动有偿使用制度落实,需要政府部门加大协调力度,推动管线单位向管廊企业及时缴纳费用。理顺价格机制,调动管线单位缴费的积极性。入廊管线单位缴纳的有偿使用费可通过成本监审依法合规纳入企业成本,作为收费定价调整的依据。分类对待入廊管线单位情况,对于价格已经到位且能够覆盖成本的,由入廊企业缴纳;对于价格尚未到位且靠财政补贴的,可以由政府通过增加管廊建设资金解决。

完善投融资支持制度,为综合管廊融资模式创新、拓展资金来源、市场化运营奠定基础。推进金融创新,深化金融领域与综合管廊项目的合作,构建多元的投融资机制。统筹用好政府投资基金、政策性开发性金融资金,协调银、企、政三方之间的关系,确保综合管廊顺利实施。

参 考 文 献

［1］ 王恒栋,薛伟辰. 综合管廊工程理论与实践［M］.北京：中国建筑工业出版社,2013.

［2］ 中华人民共和国住房和城乡建设部.城市综合管廊工程技术规范：GB 50838—2015［S］.北京：中国计划出版社,2015.

［3］ 中华人民共和国住房和城乡建设部.城市地下综合管廊运行维护及安全技术标准：GB 51354—2019［S］.北京：中国建筑工业出版社,2019.

［4］ 油新华,郑立宁,曲连峰.城市地下综合管廊运营管理手册［M］.北京：中国建筑工业出版社,2018.